Fondements de la philosophie naturelle

naturelle

divisés en treize parties ; La deuxième édition, très modifiée par rapport à la première, qui portait le nom d'opinions philosophiques et physiques

Marguerite Cavendish

Writat

Cette édition parue en 2023

ISBN : 9789356940109

Publié par
Writat
email : info@writat.com

Contenu

LA PREMIÈRE PARTIE.

TYPE. I. De la MATIÈRE.

La Matière est que nous nommons Corps ; laquelle matière ne peut être ni plus ni moins que le corps. Pourtant, certaines personnes savantes sont d'avis qu'il y a des substances qui ne sont pas des corps matériels. Mais comment ils peuvent prouver que n'importe quelle sorte de Substance n'est pas un Corps, je ne peux pas le dire : aucune des Parties de la Nature ne peut non plus l'exprimer, car une Partie Corporelle ne peut pas avoir une Perception Incorporelle. Mais quant à la matière, il peut y avoir des degrés, as, *plus purs* ou *moins purs* ; mais il ne peut y avoir aucune Substance dans la Nature, qui soit entre le Corps, et aucun Corps : Aussi, la Matière ne peut pas être sans figure, ni la Matière ne peut être sans Parties. De même, il ne peut y avoir de Matière sans Lieu, ni de Lieu sans Matière ; de sorte que la matière, la figure ou le lieu ne sont qu'une chose : car il est aussi impossible à un corps d'avoir deux lieux qu'à un lieu d'avoir deux corps ; il ne peut pas non plus y avoir de lieu sans corps.

TYPE. II. Du MOUVEMENT.

Bien que la matière puisse être sans mouvement, le mouvement ne peut cependant pas être sans matière ; car il est impossible (à mon avis) qu'il y ait un mouvement immatériel dans la nature : et si le mouvement est corporel, alors la matière, la figure, le lieu et le mouvement ne sont qu'une seule chose, à *savoir* . un mouvement figuratif corporel. Quant à un Premier Mouvement, je ne puis concevoir comment il peut être, ou ce que ce Premier Mouvement devrait être : car, un Immatériel ne peut avoir un Mouvement Matériel ; ou, un mouvement si fort, qu'il mettra toutes les parties matérielles de la nature, ou de ce monde, en mouvement ; mais (à mon avis) chaque partie particulière se meut par son propre Mouvement : Si c'est le cas, alors toutes les Actions dans la Nature sont des Mouvements auto-corporels, figuratifs. Mais ceci est à noter, que comme il n'y a qu'une matière, il n'y a qu'un seul mouvement ; et comme il y a plusieurs parties de la matière, il y a aussi plusieurs changements de mouvement : car, en tant que matière, de quelque degré qu'elle soit ou puisse être, n'est que de la matière ; ainsi le mouvement, bien qu'il fasse des changements infinis, ne peut être que du mouvement.

TYPE. III. Des degrés de la MATIÈRE.

Bien que la matière ne puisse être ni plus ni moins que la matière ; pourtant il peut y avoir des degrés de matière, comme *plus pure* ou *moins pure* ; et pourtant les parties les plus pures sont autant matérielles, par rapport à la nature de la matière, que les plus grossières : il ne peut pas non plus y avoir plus de deux sortes de matière, à savoir, celle qui se meut d'elle-même, et celle qui ne se meut pas d'elle-même. en mouvement. En outre, il ne peut y avoir que deux sortes de pièces auto-mobiles ; comme, cette sorte qui se meut entièrement sans fardeaux, et cette sorte qui se meut avec les fardeaux de ces parties qui ne se meuvent pas d'elles-mêmes : de sorte qu'il ne peut y avoir que ces trois sortes ; Les parties qui ne bougent pas, celles qui bougent librement, et celles qui bougent avec les parties qui ne bougent pas d'elles-mêmes : quels degrés sont (à mon avis) les parties rationnelles, les parties sensibles et les parties inanimées ; lesquelles trois sortes de parties sont si jointes qu'elles ne forment qu'un seul corps ; car il est impossible que ces trois sortes de Parties subsistent seules, par la raison que la Nature n'est qu'un seul Corps matériel uni.

TYPE. IV. Du VIDE.

A mon avis, il ne peut y avoir de *Vide* : car, bien que la Nature, en tant qu'étant matérielle, soit divisible et composable ; et, ayant l'auto-mouvement, est en action perpétuelle : pourtant la nature ne peut pas se diviser ou composer *à partir* d'elle-même, bien qu'elle puisse se déplacer, se diviser et composer en elle-même : mais, s'il était possible que les parties de la nature puissent errer et s'égarer à l'intérieur et à l'extérieur du *Vide* , il y aurait une Confusion ; car, là où l'Unité n'est pas, l'Ordre ne peut pas être : C'est pourquoi, par l'Ordre et la Méthode des Actions corporelles de la Nature, nous pouvons percevoir qu'il n'y a pas de Vide : Car, ce qui a besoin d'un Vide, *alors* que *le* Corps et le Lieu ne sont qu'une chose ; et comme le corps change, le lieu change-t-il aussi ?

TYPE. V. La différence des deux parties de la matière qui se meuvent elles-mêmes.

Les parties automotrices de la nature semblent être de deux sortes ou degrés ; l'un étant plus pur, et donc plus agile et libre que l'autre ; qui (à mon avis) sont les parties rationnelles de la nature. L'autre espèce n'est pas aussi pure ; et sont les Parties Architectoniques, qui sont les Parties Travaillantes, portant autour d'elles les Matériaux les plus grossiers, qui sont les Parties Inanimées ; et ce genre (à mon avis) sont les parties sensibles de la nature ; qui forment, construisent ou se composent avec les Parties Inanimées, en toutes sortes et sortes de Créatures, comme les Animaux, les Végétaux, les Minéraux, les

Éléments, ou toutes les Créatures qu'il y a dans la Nature : Tandis que les Rationnels sont si purs, qu'ils ne peuvent être des ouvriers si forts, qu'ils se déplacent avec les fardeaux des parties inanimées, mais se déplacent librement sans fardeaux : car, bien que le rationnel et le sensible, avec l'inanimé, se meuvent ensemble comme un seul corps ; cependant le Rationnel et le Sensible ne se meuvent pas comme une seule Partie, comme le sensible le fait avec l'Inanimé. Mais, je vous prie de ne pas me tromper, quand je dis que les parties inanimées sont plus grossières ; comme si je voulais dire, ils étaient comme une créature dense; car, ce ne sont que des effets, et non des causes : mais, je veux dire des parties grossières, ternes, lourdes, comme, qu'elles ne se meuvent pas d'elles-mêmes ; je n'entends pas non plus par Pureté, Rareté; mais l'Agilité : car, Parties Rares ou Denses, sont des Effets, et non des Causes : Et donc, si quelqu'un devait demander, Si les Parties Raisonnelles et Sensibles étaient Rares, ou Denses ; Je réponds qu'elles peuvent être rares ou denses, selon qu'elles se contractent ou dilatent leurs parties ; car il n'y a pas une telle chose comme une partie unique dans la nature : car la matière, ou le corps, ne peut être ainsi divisé, mais qu'il restera la matière, qui est divisible.

TYPE. VI. De la division et de l'union des parties.

Bien que chaque partie automotrice, ou mouvement corporel, ait le libre arbitre de se déplacer de la manière qui lui plaît ; pourtant, par raison il ne peut y avoir de parties uniques, plusieurs parties s'unissent en une seule action, et ainsi il doit y avoir des actions unies : car, bien que chaque partie particulière puisse se diviser à partir de parties particulières ; pourtant ceux qui se séparent des uns sont obligés de se joindre à d'autres Parties, au même moment de la division ; et à ce même moment, c'est leur union ou leur union : de sorte que la division, et la composition ou l'union, est comme un seul et même acte. De plus, toute action altérée est un lieu figuratif altéré, par la raison que la matière, la figure, le mouvement et le lieu ne sont qu'une seule chose ; et, parce que la nature est un mouvement perpétuel, elle doit nécessairement causer des variétés infinies.

TYPE. VII. De la Vie et de la Connaissance.

Toutes les parties de la nature ont la vie et la connaissance ; mais, toutes les Parties n'ont pas de Vie Active, et une Connaissance perceptive, mais seulement le Rationnel et le Sensible : Et ceci est à noter, Que la diversité, ou la variété des Actions, cause des variétés de Vies et de Connaissances : Car, comme les parties automotrices modifient ou varient leurs actions ; ainsi ils modifient et varient leurs Vies et leurs Connaissances ; mais il ne peut y avoir une Connaissance particulière infinie, ni une Vie particulière infinie ; car la Matière est divisible et composable.

TYPE. VIII. De la connaissance et de la perception de la nature.

Si la Nature n'était pas auto-connaissante, auto-vivante, et aussi perceptive, elle se heurterait à la confusion : car, il ne pourrait y avoir ni ordre, ni méthode, dans le mouvement ignorant ; il n'y aurait pas non plus d'espèces ou d'espèces distinctes de créatures, ni de variétés aussi exactes et méthodiques qu'il y en a : car il est impossible de faire des distinctions ordonnées et méthodiques, ou des ordres distincts, par le hasard.) doit nécessairement être consciente de soi et perceptive : et bien que toutes ses parties, même les parties inanimées, se connaissent et vivent par elles-mêmes ; pourtant, seules ses Parties Automotrices ont une Vie active, et une Connaissance perceptive.

TYPE. IX. De la PERCEPTION en général.

La perception est une sorte de connaissance qui se rapporte aux objets ; c'est-à-dire, certaines parties pour connaître d'autres parties : mais pourtant les objets ne sont pas la cause de la perception ; car la cause de la perception est le mouvement du soi. Mais certains diraient : *S'il n'y avait pas d'Objet, il ne pourrait y avoir de Perception* . Je réponds : C'est vrai ; car, cela ne peut être perçu, cela n'est pas : mais pourtant, les mouvements corporels ne peuvent pas être sans Parties, et ainsi pas sans Perception. Mais, mettez un cas impossible, comme, Qu'il pourrait y avoir un seul Mouvement Corporel, et pas plus dans la Nature ; que le mouvement corporel peut faire plusieurs changements, un peu comme *les conceptions* , bien que non *les perceptions* : mais, la nature étant corporelle, est composée de parties, et par conséquent il ne peut y avoir de manque d'objets. Mais il y a plusieurs manières et manières infinies de perception; ce qui prouve, Que les Objets ne sont pas la Cause : car, chaque espèce et sorte de Créatures a plusieurs espèces et sortes de Perception, selon la nature et la propriété d'une telle espèce ou sorte de Composition, qui fait telle sorte ou sorte de Composition. sorte de créature; comme je le traiterai plus en détail dans les parties suivantes de ce livre.

TYPE. X. De Double PERCEPTION.

Il y a une *Double Perception* dans la Nature, la Perception Rationnelle et le Sensible : La Perception Rationnelle est plus subtile et pénétrante que le Sensible ; aussi, il est plus généralement perceptif que le Sensitif ; aussi, c'est une Perception plus agile que le Sensible : Tout ce qui est occasionné non seulement par la *pureté* des parties Rationnelles, mais par la *liberté* des parties Rationnelles ; tandis que le Sensible étant encombré des parties Inanimées, est obstrué et retardé. Pourtant, toutes les perceptions, à la fois sensibles et rationnelles, sont en parties ; mais, par la raison que le Rationnel est plus libre, (n'étant pas un Travailleur pénible) peut plus facilement faire une Perception unie, que le Sensible ; c'est pourquoi les parties rationnelles peuvent faire une perception totale d'un objet entier : tandis que le sensible ne fait que des perceptions partielles, d'un seul et même objet.

TYPE. XI. Si les parties triomphantes peuvent être perçues distinctement les unes des autres.

Certains peuvent faire cette question, *si les trois sortes de parties, la rationnelle, la sensible et l'inanimée, peuvent être perçues séparément ?* Je réponds : Non, à moins qu'il n'y ait des parties uniques dans la nature ; mais, bien qu'ils ne puissent être perçus individuellement, ils perçoivent cependant individuellement; parce que chaque partie a son propre mouvement, et donc sa propre perception. Et bien que ces Parties, qui n'ont pas de mouvement propre, n'aient pas de perception ; cependant, étant unis comme un seul corps au sensitif, ils peuvent, par le mouvement sensitif, avoir différentes sortes de connaissance de soi, causées par les différentes actions des parties sensibles ; mais ce n'est pas *la perception* . Mais, comme je l'ai dit, les *parties triomphantes* ne peuvent pas être perçues distinctement séparément, bien que leurs actions puissent être différentes : car, la jonction ou le mélange des parties n'empêche pas les diverses actions ; comme par exemple, Un Homme est composé de plusieurs Parties, ou, (comme les appellent les Savants) *Mouvements Corporels* ; pourtant, aucune de ces différentes Parties, ou Mouvements Corporels, n'est un obstacle l'une à l'autre : La même chose entre les *Parties Sensibles* et Rationnelles .

TYPE. XII. Si la nature peut se connaître, ou avoir un pouvoir absolu d'elle-même, ou avoir une figure exacte.

J'étais d'avis, Que la Nature, parce qu'Infinie, ne pouvait pas se connaître elle-même ; car l'infini n'a pas de limite. Aussi, Cette Nature ne pouvait pas avoir un Pouvoir Absolu sur ses propres Parties, parce qu'elle avait des Parties Infinies ; et, que l'Infinité a fait obstacle à l'Absoluité : Mais depuis que j'ai considéré, Que les Parties Infinies doivent nécessairement se connaître elles-mêmes ; et que ces parties infinies qui se connaissent elles-mêmes sont unies en un seul corps infini, par lequel la nature doit avoir à la fois une connaissance unie et une puissance unie. Aussi, je me suis demandé si la nature pouvait avoir une figure exacte (mais ne me méprenez pas, car je ne parle pas de la figure de la matière, mais d'une figure composée de parties) parce que la nature était composée d'une variété infinie de parties figuratives. , que ces Variétés Infinies de Parties Figuratives Infinies étaient réunies en un seul Corps ; J'ai conclu qu'elle doit nécessairement avoir une figure exacte, bien qu'elle soit infinie : comme par exemple, ce monde est composé de nombreuses et plusieurs parties figuratives, et pourtant le monde a une forme et un cadre exacts, les mêmes qu'il aurait. s'il était infini. Mais, quant à la connaissance de soi et au pouvoir, certainement Dieu les a donnés à la nature, bien que son pouvoir soit limité : car, elle ne peut aller au-delà de sa nature ; elle n'a pas non plus le pouvoir de se faire autre chose que ce qu'elle est, puisqu'elle ne peut créer ou annihiler aucune partie ou particule : elle ne peut non plus faire aucune de ses parties immatérielles ; ou tout Immatériel, Corporel : Elle ne peut pas non plus donner à une partie la Nature (*c'est-à-dire* la Connaissance, la Vie, le Mouvement ou la Perception) d'une autre partie ; c'est la raison pour laquelle une créature ne peut pas avoir les propriétés ou les facultés d'une autre; ils peuvent avoir le même, mais pas le même.

TYPE. XIII. La nature ne peut pas se juger elle-même.

Bien que la nature se connaisse et ait un libre pouvoir d'elle-même; (Je veux dire, une Connaissance et un Pouvoir naturels) pourtant, la Nature ne peut pas être un Jugement droit et juste d'elle-même, et donc d'aucune de ses Parties ; parce que chaque partie particulière fait partie d'elle-même. De plus, comme elle se meut d'elle-même, elle se change d'elle-même, et donc elle est altérable : c'est pourquoi, rien ne peut être un jugement parfait et juste, mais quelque chose qui est indivisible et inaltérable, qui est le DIEU infini, qui est Immuable, Immuable, et donc Inaltérable ; qui est le Juge des Actions Corporelles Infinies de sa Nature Servante. Et c'est la raison pour laquelle toutes les parties de la nature font appel à Dieu, comme étant le seul juge.

TYPE. XIV. Nature Poyses, ou Équilibre ses Actions.

Bien que la Nature soit Infinie, toutes ses Actions semblent cependant être *réglées*, ou *équilibrées*, par l'Opposition ; comme par exemple, comme la nature a des actions qui divisent, ainsi qui composent ; aussi, comme la nature a des actions régulières, ainsi des actions irrégulières ; comme la Nature a des actions dilatantes, donc contractantes : En bref, nous pouvons percevoir parmi les Créatures, ou Parties de ce Monde, des créatures lentes, rapides, épaisses, minces, lourdes, légères, rares, denses, petites, grandes, basses, hautes, larges. , étroit, léger, obscur, chaud, froid, productions, dissolutions, paix, guerre, gaieté, tristesse, et que nous nommons *Vie* et *Mort* ; et infini comme; comme aussi, des variétés infinies dans toutes sortes et sortes d'actions : mais, les variétés infinies sont faites par les parties automotrices de la nature, qui sont les mouvements figuratifs corporels de la nature.

TYPE. XV. S'il y a des degrés de force corporelle.

Comme je l'ai déclaré, il y a (à mon avis) deux sortes de pièces automotrices ; l'un Sensible, l'autre Rationnel. Les parties rationnelles de mon esprit, se déplaçant à la manière de la conception ou de l'inspection, ont occasionné des disputes ou des arguments parmi ces parties de mon esprit. Les Arguments étaient ceux-ci : *Y avait-il des degrés de Force, comme il y en avait de Pureté, entre leur propre sorte, comme, le Rationnel et le Sensible ?* La majeure partie de l'argument était *que l'auto-mouvement ne pouvait être qu'un auto-mouvement : car aucune partie de la nature ne pouvait aller au-delà de son pouvoir d'auto-mouvement .* Mais la partie mineure a soutenu *que le mouvement de soi du rationnel pourrait être plus fort que l'auto-mouvement du sensible.* Mais la majeure partie était d'avis *qu'il ne pouvait y avoir de degrés du pouvoir de la nature, ou de la nature de la nature : car la matière, qui était la nature, ne pouvait être qu'auto-motrice, ou non auto-motrice ; ou partiellement auto-mobile, ou non auto-mobile.* Mais le Mineur soutint *qu'il n'était pas contraire à la nature de la Matière d'avoir des degrés de Force Corporelle aussi bien que des degrés de Pureté : car, bien qu'il ne puisse y avoir de degrés de Pureté entre les Parties de même espèce, comme entre les Parties du Rationnel, ou parmi les Parties du Sensible ; pourtant, s'il y avait des degrés de parties rationnelles et sensibles, il pourrait y avoir des degrés de force.* La majeure partie a dit, *que s'il y avait des degrés de force, cela ferait une confusion, par la raison qu'il n'y aurait pas d'accord ; car, les plus forts seraient des tyrans pour les plus faibles, en tant qu'ils ne souffriraient jamais que ces parties agissent méthodiquement ou régulièrement.* Mais la partie mineure dit *qu'elle avait observé qu'il y avait des degrés de force parmi les parties sensibles.* La majeure partie a soutenu qu'ils n'avaient pas de degrés de force par nature; mais que le plus grand nombre de pièces était plus fort qu'un moins grand nombre de pièces. En outre, il y avait certaines sortes d'actions, qui avaient l'avantage d'autres sortes. En outre, certaines sortes de compositions sont plus fortes que d'autres ; non par les degrés de la Force innée, ni par le nombre des Parties ; mais, par la manière et la forme de leurs compositions ou productions. Ainsi argumentaient mes Pensées ; mais, après de nombreux débats et disputes, enfin mes parties rationnelles ont convenu que, s'il y avait des degrés de force, ce ne pouvait pas être entre les parties du même degré, ou sorte; mais, entre le Rationnel et le Sensible ; et s'il en est ainsi, le sensible était plus fort, étant *moins pur* ; et le Rationnel était plus Agil, étant *plus pur* .

TYPE. XVI. Des effets et de la cause.

Traiter des effets infinis, produits à partir d'une cause infinie, est un travail sans fin, et impossible à exécuter ou à effectuer ; seulement ceci peut être dit, que les effets, bien qu'infinis, sont tellement unis à la cause matérielle, qu'aucun effet ne peut l'être, ni qu'aucun effet ne peut être annihilé ; par raison tous les effets sont au pouvoir de la cause. Mais ceci est à noter, que certains effets produisant d'autres effets, sont, d'une certaine manière ou d'une certaine manière, une cause.

TYPE. XVII. D'INFLUENCE.

Une *Influence* est ceci; Lorsque, comme les mouvements figuratifs corporels, dans différentes espèces et sortes de créatures, ou dans une seule et même espèce, ou espèces, se meuvent sympathiquement: Et bien qu'il y ait des mouvements antipathiques, aussi bien que sympathiques; pourtant, toutes les parties infinies de la matière sont agréables dans leur nature, comme étant toutes matérielles et se mouvant elles-mêmes ; et parce qu'il n'y a pas *de Vide* , il doit nécessairement y avoir une Influence entre toutes les Parties de la Nature.

TYPE. XVIII. De la FORTUNE et du HASARD.

La fortune n'est que divers mouvements corporels de plusieurs créatures, destinés à une créature ou à plusieurs créatures ; soit à *cette* Créature, soit *à ces* Créatures Avantage, ou Inconvénient : Si Avantage, l'Homme le nomme *Bonne Fortune* ; si Inconvénient, l'Homme le nomme *Mauvaise Fortune* . Quant au *hasard* , ce sont les effets visibles de quelque cause cachée ; et *la fortune* , une cause suffisante pour produire de tels effets : car la conjonction de causes suffisantes produit tels ou tels effets ; quels effets ne pourraient être produits, si l'une de ces causes manquait: de sorte que, *les chances* ne sont que les effets de la fortune.

TYPE. XIX. Du TEMPS et de l'ÉTERNITÉ.

Le temps n'est pas une Chose en soi ; *le temps* n'est pas non plus immatériel :
car *le temps* n'est que les variations des mouvements corporels ; mais l'éternité
ne dépend pas du mouvement, mais d'un être sans commencement ni fin.

LA SECONDE PARTIE.

TYPE. I. Des CRÉATURES.

Toutes les créatures sont des figures composées, par le consentement des parties associées ; par quelle association, ils deviennent telle ou telle créature figurée : Et bien que chaque mouvement corporel, ou partie automotrice, ait son propre mouvement ; pourtant, par leur association, ils s'accordent tous dans des actions propres, comme des actions propres à leurs compositions : et, si chaque partie particulière n'a pas une perception de toutes les parties de leur association ; pourtant, chaque partie connaît son propre travail.

TYPE. II. De la connaissance et de la perception des différentes sortes et sortes de créatures.

Il n'y a pas de créature dans la nature qui ne soit composée de parties automotrices (*c'est-à-dire* à la fois rationnelles et sensibles) comme aussi des parties inanimées, qui se connaissent elles-mêmes : de sorte que toutes les créatures, étant composées de ces sortes des parties, doit avoir une connaissance et une perception sensibles et rationnelles, comme les animaux, les végétaux, les minéraux, les éléments, ou quoi d'autre il y a dans la nature : mais plusieurs sortes, et plusieurs sortes dans ces sortes de créatures, étant composées de différentes manières, et les manières doivent avoir des vies, des connaissances et des perceptions différentes : et pas seulement toutes les sortes et sortes ont de telles différences ; mais, chaque créature particulière, à travers les variations de ses parties automotrices, a des variétés de vies, de connaissances, de perceptions, de conceptions, etc. et non seulement cela, mais chaque partie particulière d'une seule et même créature, a des variétés de connaissances et de perceptions, parce qu'elles ont des variétés d'actions. Mais, (comme je l'ai déclaré) il n'y a pas de genre différent de créature qui puisse avoir la même vie, la même connaissance et la même perception ; non seulement parce qu'ils ont des Productions différentes et des Formes différentes ; mais des Natures différentes, comme étant de natures différentes.

TYPE. III. De la perception des parties et de la perception unie.

Toutes les pièces auto-mobiles sont perceptives ; et, toute Perception est en Parties, et est divisible, et composable, comme étant Matérielle; aussi, Modifiable, comme étant Auto-mouvement : C'est pourquoi, aucune Créature qui est composée, ou se compose de plusieurs sortes de Mouvements Figuratifs Corporels, mais doit avoir plusieurs sortes de

Perception ; c'est la raison pour laquelle une créature, en tant qu'homme, ne peut percevoir un autre homme autrement que par parties : car, le rationnel et le sensible ; bien plus, toutes les parties d'une seule et même créature perçoivent leurs parties contiguës, comme elles perçoivent les parties étrangères ; seulement, par leur étroite conjonction et leur proche parenté, ils s'unissent en une seule et même action. Je ne dis pas qu'ils sont toujours d'accord : car, lorsqu'ils se déplacent irrégulièrement, ils ne sont pas d'accord : Et certaines de ces Parties Unies se déplaceront d'une manière, et d'autres d'une autre ; mais, lorsqu'ils se déplacent régulièrement, alors ils se déplacent vers un seul et même Dessein, ou une seule et même Action Unie. Ainsi, bien qu'une créature soit composée de plusieurs sortes de mouvements corporels ; pourtant, ces diverses sortes, étant convenablement unies en une seule créature, se meuvent toutes agréablement à la propriété et à la nature de toute la créature ; c'est-à-dire que les Parties particulières se meuvent selon la propriété de toute la Créature ; parce que les parties particulières, par conjonction, forment le tout : de sorte que les diverses parties forment un tout ; par lequel, une créature entière a à la fois une connaissance générale et une connaissance des parties; tandis que les perceptions des objets étrangers ne sont que dans les parties : et c'est la raison pour laquelle une créature ne perçoit pas le tout d'une autre créature, mais seulement certaines parties. Cependant, il faut noter qu'aucune partie n'a la nature ou le mouvement d'une autre partie, ni par conséquent sa connaissance ou sa perception; mais, par accord et unité des parties, il y a des perceptions composées.

TYPE. IV. Si les parties rationnelles et sensibles ont une perception l'une de l'autre.

Certains peuvent poser la question, *si le rationnel et le sensible ont une perception l'un de l'autre ?* Je réponds : à mon avis, oui. Car, bien que les parties rationnelles et sensibles soient de deux sortes ; pourtant, les deux sortes ont l'auto-mouvement ; de sorte qu'ils ne font qu'un, qu'ils sont tous deux des mouvements corporels ; et, si les parties sensibles n'étaient pas encombrantes, elles seraient, dans une certaine mesure, aussi agiles et aussi libres que les parties rationnelles. Mais, bien que chaque espèce ait une perception l'une de l'autre, et que certaines puissent avoir la même chose ; pourtant ils n'ont pas le même : car aucune partie ne peut avoir la perception ou la connaissance d'une autre ; mais, par la raison que le Rationnel et le Sensible sont tous deux des Mouvements Corporels, il y a une forte sympathie entre ces sortes, dans une Conjonction, ou Créature. En effet, les Parties Rationnelles sont les Parties Concevoir ; et les Sensibles, les Parties Travaillantes ; et les Inanimés sont comme les Parties Matérielles : non mais toutes les trois sortes sont des Parties Matérielles ; mais l'inanimé, n'étant pas auto-mouvement, sont les parties onéreuses.

TYPE. V. Des pensées et de tout l'esprit d'une créature.

COMME pour les Pensées, bien qu'elles soient plusieurs Mouvements Corporels, ou Parties Automotrices ; pourtant, étant unis, par Conjonction dans une Créature, dans un Esprit entier, ne peut être perçu par certaines Parties d'une autre Créature, ni par la même sorte de Créature, que par un autre Homme. Mais certains peuvent se demander *si tout l'esprit d'une créature, comme tout l'esprit d'un homme, ne peut pas percevoir tout l'esprit d'un autre homme ?* Je réponds que si l'esprit n'était pas joyeux et mélangé avec les parties sensibles et inanimées, et n'avait pas de parties intérieures aussi bien qu'extérieures , tout l'esprit d'un homme pourrait percevoir tout l'esprit d'un autre homme ; mais, cela n'étant pas possible, un Esprit entier ne peut pas percevoir un autre Esprit *entier* . Mais certains peuvent se demander si les Parties Sensibles peuvent percevoir le Rationnel, dans une seule et même Créature ? Je réponds : Ils le font ; car s'ils ne le faisaient pas, il était impossible aux Parties Sensibles d'exécuter les Desseins Rationnels ; de sorte que, ce que l'esprit conçoit, le corps sensible le met à exécution, dans la mesure où il en a le pouvoir. Mais si, par des irrégularités, le corps est malade et faible, ou a quelques infirmités, il ne peut pas exécuter les desseins de l'esprit. .

TYPE. VI. Si l'esprit d'une créature peut percevoir l'esprit d'une autre créature.

Certains peuvent demander la raison : *pourquoi une créature, en tant qu'homme, ne peut pas percevoir les pensées d'un autre homme, aussi bien qu'il perçoit ses parties sensibles extérieures ?* Je réponds que les parties rationnelles d'un homme perçoivent autant des parties rationnelles d'un autre homme que les parties sensibles de cet homme perçoivent les parties sensibles de l'autre homme ; c'est-à-dire autant qu'il est présenté à sa perception : car toutes les créatures, et chaque partie et particule, ont ces trois sortes de matière ; et par conséquent, chaque partie d'une créature perçoit et perçoit. Mais, par raison toutes les créatures sont composées de parties, (*c'est-à-dire à* la fois du rationnel et du sensible), toutes les perceptions sont en parties, aussi bien le rationnel que la perception sensible : pourtant, ni le rationnel, ni le sensible ne peuvent tout percevoir. les Parties Intérieures ou les Mouvements Corporels, à moins qu'ils n'aient été présentés à leur perception : Aucune Partie ne peut non plus connaître la Connaissance et la Perception d'une autre Partie : mais, quelles Parties d'une Créature sont sujettes à la perception d'une autre Créature, celles-là sont perçues.

TYPE. VII. De la perception et de la conception.

Quoique les Parties Extérieures d'une Créature, ne peuvent percevoir que les Parties Extérieures d'une autre Créature ; pourtant, le Rationnel peut faire des Conceptions des Parties Intérieures, mais pas la Perception : car, ni le Sens, ni la Raison, ne peuvent percevoir ce qui n'est pas présent, mais par cœur, comme d'après la manière des Conceptions, ou des Souvenirs, comme je le ferai dans mes Chapitres suivants déclarent : De sorte que, les Parties Rationnelles Extérieures, qui sont avec les Parties Sensibles Extérieures d'un Objet, sont autant perçues, les unes, que les autres : mais, ces Parties Extérieures d'un Objet, ne se mouvant en Parties particulières , comme dans l'ensemble de la créature, est la cause que certaines parties d'une créature ne peuvent pas percevoir toute la composition ou le cadre d'une autre créature : c'est-à-dire que certaines des parties rationnelles d'une créature ne peuvent pas percevoir tout l'esprit d'une autre créature. Comme les parties sensibles.

TYPE. VIII. Des suppositions humaines.

Bien que la nature ait une connaissance et une perception infinies ; pourtant, étant un Corps, et donc divisible et composable ; et ayant, aussi, l'auto-mouvement, pour diviser et composer ses parties infinies, d'une infinité de plusieurs manières ; c'est la raison pour laquelle ses Parties finies, ou Créatures particulières, ne peuvent avoir une Connaissance générale ou infinie, étant limitées, en étant finies, à des Perceptions finies, ou Connaissances perceptives ; qui est la cause des *Suppositions* , ou Imaginations, concernant les Objets Forrein : Comme par exemple, Un Homme ne peut que percevoir les Parties Extérieures d'un autre Homme, ou de toute autre Créature, qui est sujette à la Perception Humaine ; pourtant, ses Parties Rationnelles peuvent supposer, ou présupposer, ce qu'un autre Homme pense, ou ce qu'il agira : et pour d'autres Créatures, un Homme peut supposer ou imaginer quelle est la nature innée d'un tel Végétal, ou Minéral, ou Élément ; et peut imaginer ou supposer que la Lune est un autre Monde, et que toutes les étoiles fixes sont des Sunns ; qui Suppositions, l'Homme nomme *Conjectures* .

TYPE. IX. D'Information entre plusieurs Créatures.

Sans aucun doute, mais il y a de *l'Information* entre toutes les Créatures : mais, plusieurs sortes de Créatures, ayant plusieurs sortes d'Informations, il est impossible pour une sorte particulière de connaître, ou d'avoir des perceptions des Informations Infinies, ou Innombrables, entre les Parties Infinies et Innombrables. , ou Créatures de la Nature : Non, il y a tellement de plusieurs Informations parmi une sorte (comme de l'Humanité) qu'il est impossible pour un Homme de les percevoir toutes ; non, et un Homme ne peut généralement pas percevoir les Informations particulières qui se trouvent entre les Parties particulières de son Corps Sensible ; ou entre les Informations particulières de son Corps Rationnel ; ou entre les Parties Rationnelles et Sensibles particulières : encore moins l'Homme peut-il percevoir, ou connaître les diverses Informations des autres Créatures.

TYPE. X. La raison de plusieurs espèces et sortes de créatures.

Certains peuvent demander, *pourquoi il y a de telles sortes de créatures, comme nous le percevons, et pas d'autres sortes ?* Je réponds qu'il est probable que nous ne percevons pas toutes les sortes et sortes de créatures dans la nature. En vérité, il est impossible (si la nature est infinie) à un fini de percevoir les variétés infinies de la nature. *Ils peuvent aussi demander : pourquoi les planètes ont une forme sphérique, et les créatures humaines ont une forme droite, et les bêtes une forme courbée et voûtée ? Aussi, pourquoi les oiseaux sont faits pour voler, et non les bêtes ? Et pour quelle cause, ou dessein, les animaux ont-ils telles ou telles sortes de formes et de propriétés ? Et les Légumes telles ou telles sortes de formes et de propriétés ? Et donc des Minéraux et Éléments ?* Je réponds; Que plusieurs sortes, genres et différences de particuliers causent l'ordre, par la raison qu'ils causent des distinctions : car, si toutes les créatures étaient pareilles, cela causerait une confusion.

TYPE. XI. Des diverses Propriétés de plusieurs Espèces et sortes de Créatures.

Comme je l'ai dit, il y a plusieurs sortes, et plusieurs sortes, et plusieurs créatures particulières de plusieurs sortes et sortes ; dont il y a des créatures d'une espèce mixte, et d'autres d'une espèce mixte, et d'autres d'un mélange de quelques particularités. De plus, il y a des sortes de créatures et des sortes de créatures ; comme aussi des particuliers d'une nature dense, d'autres d'une nature rapide ; certains d'une nature légère, certains d'une nature lourde; certains d'une nature lumineuse, certains d'une nature sombre; certains d'une nature ascendante, certains d'une nature descendante; certains d'une nature dure, certains d'une nature douce; certains d'une nature lâche et d'autres d'une nature fixe ; certains d'une Nature Agile, et d'autres d'une Nature Lente ; certains d'une nature cohérente, et d'autres d'une nature dissolvante : tout ce qui est selon le cadre et la forme de leur société, ou composition.

LA TROISIÈME PARTIE.

TYPE. I. Des productions en général.

Les parties automotrices, ou mouvements corporels, sont les producteurs de toutes les figures composées, telles que nous nommons *les créatures* : car, bien que toute matière ait une figure, en étant matière ; car ce serait un non-sens de dire : *Matière sans figure* ; puisque les parties les plus pures de la matière ont figure, aussi bien que les plus grossières ; les plus rares, aussi bien que les plus denses : Mais, de telles Figures Composées que nous nommons *Créatures* , sont produites par des Associations particulières de Parties Automotrices, en espèces et sortes particulières ; et des créatures particulières de chaque espèce ou espèce. Les espèces particulières, qui sont sujettes aux perceptions humaines, sont celles que nous nommons Animaux, Végétaux, Minéraux et Éléments ; de quels genres, il y a de nombreuses sortes; et de toutes sortes, des détails infinis. Et bien qu'il y ait des Variétés Infinies dans la Nature, faites par les Mouvements Corporels, ou Parties Automotrices, qui pourraient causer une Confusion : Pourtant, considérant que la Nature est entière en elle-même, comme n'étant que Matérielle, et comme n'étant qu'un seul Corps Uni; aussi, posant toutes ses Actions par des Opposés; il est impossible d'être de quelque manière que ce soit dans Extreams, ou d'avoir une Confusion.

TYPE. II. Des Productions en général.

Les parties sensibles automotrices, ou mouvements corporels, sont les parties laborieuses de toutes les productions, ou fabriques de toutes les créatures ; mais pourtant, ces mouvements corporels sont des parties de la créature qu'ils produisent : car la production n'est qu'une société de parties particulières, qui se transforment en figures ou créatures particulières : mais, comme les parties produisent des figures, par association ; ainsi ils dissolvent ces Figures par Division : car, la Matière est un Mouvement perpétuel, qui se divise et se compose toujours ; de sorte qu'aucune créature ne peut être éternellement une et la même : car, s'il n'y avait pas de dissolutions et d'altérations, il n'y aurait pas de variétés de particuliers ; car, bien que les genres et les sortes puissent durer, cependant pas les Particularités. Mais, ne me méprenez pas, je ne dis pas que ces chiffres sont perdus,

ou anéantie dans la Nature ; mais seulement, leur Société est dissoute, ou divisée dans la Nature. Mais ceci est à noter, que certaines créatures sont plus tôt produites et perfectionnées que d'autres ; et encore, certaines créatures sont plus tôt décomposées ou dissoutes.

TYPE. III. Des Productions en général.

Il y a tant de parties composées différentes, et tant de variété d'action dans chacune des parties d'une créature, qu'il est impossible à la perception humaine de les percevoir ; bien plus, tous les mouvements corporels d'une seule créature ne perçoivent pas toutes les variétés de la même société ; et, par les diverses actions, non seulement de plusieurs parties, mais d'une seule et même partie, causent une telle obscurité, qu'aucune créature ne peut dire, non seulement comment elles ont été produites, mais non comment elles consistent. chaque Partie connaît son propre Travail, il y a Ordre et Méthode : Par exemple, Dans une Créature Humaine, ces Parties qui produisent, ou nourrissent les Os, celles des Tendons, celles des Veines, celles de la Chair, celles des Cerveaux , et autres, connaissent tous leurs divers travaux, et ne considèrent pas chacun plusieurs parties composées, mais ce qui leur appartient ; comme, je crois, dans les Végétaux, les Minéraux ou les Éléments. Mais ne me méprenez pas; car, je ne dis pas, ces mouvements corporels dans ces détails, sont liés à ces travaux particuliers, comme, qu'ils ne peuvent pas changer, ou modifier leurs actions s'ils le veulent, et le font souvent : comme certaines créatures se dissolvent avant d'être parfaites, ou tout à fait fini; et certains aussitôt terminés ; et certains peu de temps après qu'ils soient terminés ; et certains continuent longtemps, comme nous pouvons le voir par de nombreuses créatures qui teignent, ce que je nomme se dissoudre dans plusieurs âges ; mais les dissolutions intempestives procèdent plutôt de quelques irrégularités particulières de quelques parties particulières, que d'un accord général.

TYPE. IV. Des Productions en général.

La raison pour laquelle toutes les créatures sont produites par les voies de production, comme une seule créature composée d'autres créatures, est que la nature n'est qu'une seule matière, et que toutes ses parties sont unies en un seul corps matériel, n'ayant aucun ajout, ou Diminutions ; pas de nouvelles Créations, ni d'Annihilations : Mais, la Nature n'était-elle pas une seule et même, mais ses Parties étaient de natures différentes , cependant, les créatures doivent être produites par des créatures, c'est-à-dire des figures composées, comme une bête, un arbre, une pierre, de l'eau, etc. doit être composé de *Parties* , et non d'une *seule Partie* : car, une seule Partie ne peut pas produire de Figures composées ; une seule partie ne peut pas non plus produire une autre partie unique ; car, la Matière ne peut pas créer la Matière ; et une partie ne peut pas non plus produire une autre partie à partir d'elle-même. C'est pourquoi, toutes les créatures naturelles sont produites par le consentement et l'accord de nombreuses parties automotrices, ou mouvements corporels, qui travaillent à une conception particulière, pour s'associer à des types et des sortes particuliers. des Créatures.

TYPE. V. Des productions en général.

Comme je l'ai dit dans mon précédent chapitre, que toutes les créatures sont produites ou composées par l'accord et le consentement de parties particulières ; cependant certaines créatures sont composées de plus, et d'autres de moins de parties : toutes les créatures ne sont pas non plus produites ou composées d'une seule et même manière ; mais les uns d'une manière, et les autres d'une autre manière : En effet, il y a diverses manières de productions, soit de celles que nous nommons naturelles, soit de celles que nous nommons *artificielles* ; mais je ne traite que des productions naturelles, qui sont si diverses, qu'il est étonnant que deux créatures soient identiques ; par lequel nous pouvons percevoir, que non seulement dans plusieurs espèces et sortes, mais dans des particularités de chaque espèce, ou sorte, il y a une certaine différence, de manière à être distinguées les unes des autres, et pourtant les espèces de certaines créatures sont semblables à leurs gentil et trier, mais pas tout; et la raison pour laquelle la plupart des créatures sont en *espèces* , selon leur espèce et leur espèce, n'est pas seulement que la sagesse de la nature ordonne et règle ses mouvements figuratifs corporels, en espèces et sortes de sociétés et de conjonctions ; mais, ces sociétés causent une connaissance perceptive, et un amour uni, et un bon goût des compositions, ou des productions : et non seulement un amour pour leurs compositions figuratives, mais pour tout ce qui est de la même sorte, ou genre ; et surtout, leur accoutumance aux actions propres à leurs compositions figuratives, est la cause que ces parties, qui se séparent des producteurs, commencent une nouvelle société, et, par degrés, produisent la même créature ; qui est la cause que les Animaux et les Végétaux produisent selon leur ressemblance. La même chose peut être parmi les minéraux et les éléments, pour tout ce que nous pouvons savoir. Mais cependant, certaines Créatures d'une seule et même espèce, ne sont pas produites d'une seule et même manière : Comme par exemple, Une seule et même espèce de Végétaux, peut être produite de plusieurs manières, et pourtant, dans l'effet, être la comme lorsque les Légumes sont semés, plantés, greffés ; comme aussi, les graines, les racines, etc., ce sont plusieurs manières ou manières de productions, et pourtant elles produiront la même sorte de légumes : mais, il y aura beaucoup de modifications dans la replantation, qui est occasionnée par le changement d'association des parties , et Parties ; mais comme pour les plusieurs productions

de plusieurs genres et sortes, ils sont très différents ; comme par exemple, les Animaux ne sont pas produits comme des Végétaux, ou les Végétaux comme des Minéraux, ni les Minéraux comme n'importe lequel des autres : Tous les Animaux ne sont pas non plus produits de la même manière, ni les Minéraux, ni les Végétaux ; mais après de nombreuses manières ou manières différentes. Toutes les Productions ne sont pas non plus comme leurs Producteurs ; car, certains sont si loin de ressembler à leur société figurative, qu'ils produisent une autre sorte, ou sorte de figures composées ; comme par exemple, Asticots à partir de Fromage, autres Vers à partir de Racines, Fruits, etc. : mais ces sortes de Créatures, l'Homme les nomme *Insectes* ; mais pourtant ce sont des créatures animales, ainsi que d'autres.

TYPE. VI. Des Productions en général.

Toutes les créatures sont produites et productrices ; et toutes ces Productions participent plus ou moins des Producteurs ; et sont obligés de le faire, parce qu'il ne peut y avoir rien de Nouveau dans la Nature : car, tout ce qui est produit, est de la même Matière ; non, chaque créature particulière a ses parties particulières : car aucune créature ne peut être produite à partir d'autres parties que celle qui l'a produite ; le même Producteur ne peut pas non plus produire un seul et même double, (comme je puis dire pour m'exprimer :) car, bien que les mêmes Producteurs puissent produire le semblable, cependant pas le même :

car chaque chose produite a ses propres mouvements figuratifs corporels ; mais cela pourrait être, si la nature n'était pas si pleine de variété : car, si tous ces mouvements corporels, ou parties automotrices, s'associaient de la même manière, et étaient exactement les mêmes parties, et se mouvaient de la même manière ; la même Production, ou Créature, pourrait être produite après sa dissolution ; mais, parce que les parties automotrices de la nature se divisent et se composent toujours *de* et *vers* les parties, ce serait très difficile, sinon impossible.

TYPE. VII. Des Productions en général.

De même qu'il y a des Productions, ou des Compositions, faites par les Mouvements Corporels Sensibles, ainsi il y a des Mouvements Corporels Rationnels, qui sont des Figures Composées de l'Esprit : Et la raison pour laquelle les Productions Rationnelles sont plus diverses, comme aussi plus nombreuses, est que le Rationnel est plus lâche, libre, et donc plus agile que le Sensible ; c'est aussi la raison pour laquelle les productions rationnelles n'exigent pas autant de degrés de temps que les productions sensibles. Mais je traiterai plus sur ce sujet, quand je traiterai de cet animal que nous nommons *l'HOMME* .

TYPE. VII. *Enfin* , Des Productions en général.

Bien que toutes les créatures soient faites par les diverses associations de parties auto-mobiles, ou (comme les appellent les savants) *mouvements corporels* ; pourtant, il y a des variétés infinies de mouvements figuratifs corporels, et ainsi plusieurs manières et manières infinies de productions; comme aussi, des variétés infinies de Mouvements Figuratifs dans chaque Créature produite : Aussi, il y a variété dans la différence de Temps, de plusieurs Productions, et de leur Constance et Dissolution : car, certaines Créatures sont produites en peu d'Heures, d'autres pas en beaucoup d'Années . Encore une fois, certains ne continuent pas un jour; d'autres, des nombres d'Années. Mais ceci est à remarquer, que selon la régularité ou l'irrégularité des mouvements associatifs, leurs productions sont plus ou moins parfaites. Aussi, ceci est à noter, Qu'il y a des Productions Rationnelles, aussi bien que des Productions Sensibles : car, bien que toutes les Créatures soient composées à la fois de Parties Sensibles et de Parties Rationnelles, cependant les Parties Rationnelles se meuvent d'une autre manière.

TYPE. VIII. Les productions doivent participer à certaines parties de leurs producteurs.

Aucun Animal, ou Végétal, ne pourra être produit, que par tel ou tel Producteur particulier ; ni un Animal, ni un Végétal, ne pourraient être produits sans quelques Mouvements Corporels de leurs Producteurs; c'est-à-dire certaines des pièces automotrices des producteurs ; autrement les mêmes Actions pourraient produire, non seulement les mêmes Créatures, mais les mêmes Créatures, ce qui est impossible. C'est pourquoi les choses produites font partie des Producteurs ; car, aucune Créature particulière ne pourrait être produite, mais par de tels Producteurs particuliers. Mais ceci est à noter, que toutes sortes de créatures sont produites par plus ou moins de producteurs. Aussi, les premiers Producteurs ne sont que les premiers Fondateurs des choses produites, mais non les seuls Constructeurs : car, il y a plusieurs sortes de Mouvements Corporels, qui sont les Constructeurs ; car, aucune Créature ne peut subsister, ou consister, par elle-même, mais doit assister, et être assistée : Pourtant, il y a quelques différences dans toutes les Productions, quoique des mêmes Producteurs ; sinon, tous les descendants d'un seul et même producteur seraient semblables : Et bien que, parfois, leurs plusieurs descendants puissent être si semblables, qu'il est difficile de les distinguer ; pourtant, c'est si rare, car cela apparaît comme une merveille; mais il y a une propriété dans toutes les productions, en tant que, pour que le produit appartienne en tant que droit et propriété au *producteur* .

TYPE. IX. Des ressemblances de plusieurs descendants ou producteurs.

Il y a de nombreux genres et sortes de Productions, et des manières et manières infinies, dans les actions de Productions ; ce qui est la cause que les descendants des mêmes producteurs ne sont pas si semblables, mais qu'ils se distinguent ; mais pourtant il peut y avoir non seulement des ressemblances entre les progénitures particulières des mêmes producteurs, mais aussi de la même espèce ; mais, de différentes sortes de créatures : mais les actions de toutes les productions qui sont selon leurs propres *espèces* , sont des actions imitatrices, mais non des imitations nues, comme par un mouvement incorporel ; car si c'est le cas, alors une femme cupide, qui aime l'or, pourrait produire un morceau d'or au lieu d'un enfant; aussi, *les vierges* pourraient être aussi fructueuses que *les épouses mariées* .

TYPE. X. Des diverses apparitions des parties extérieures d'une même créature.

Chaque action altérée des parties extérieures cause une apparence altérée. Comme par exemple, un homme, ou une créature semblable, n'apparaît pas quand il est vieux, comme quand il était jeune ; ni quand il est malade, comme quand il est en bonne santé ; non, ni quand il a froid, comme quand il a chaud. Ils n'apparaissent pas non plus dans plusieurs passions de la même manière : car, bien que l'homme puisse mieux percevoir l'altération de son propre genre, ou sorte ; pourtant, d'autres Créatures ont plusieurs Apparences, ainsi que l'Homme ; dont certains , l'homme peut percevoir, mais pas tous, étant d'une sorte différente. Et non seulement les animaux, mais les végétaux et les éléments ont des apparences altérées, et beaucoup sont soumises à la perception de l'homme.

LA QUATRIÈME PARTIE.

TYPE. I. Des productions animales ; et des différences entre productions et transformations.

Je comprends que les productions sont entre les détails ; comme, certaines créatures particulières pour produire d'autres créatures particulières; mais pas pour transformer une sorte de créature en une autre sorte de créature, comme le fromage en asticots, et les fruits en vers, etc. ce qui, d'une certaine manière, ressemble à Métamorphoser. Ainsi par Transformation, la Nature Intellectuelle, aussi bien que la Forme Extérieure, est transformée : Tandis que la Production ne transforme que la Forme Extérieure, mais pas la Nature Intellectuelle ; qui est la cause pour laquelle de telles transformations ne peuvent pas revenir à leur état antérieur ; comme un ver pour être un fruit, ou un asticot pour redevenir un fromage, comme autrefois. C'est pourquoi je perçois que toutes sortes de volailles sont en partie produites et en partie transformées : car, bien qu'un œuf soit produit, une poule n'est qu'un œuf transformé.

TYPE. II. De différents mouvements figuratifs dans la production de MAN.

Toutes les Créatures sont produites par Degrés ; ce qui prouve qu'aucune créature n'est produite à la perfection par un seul acte ou mouvement figuré : car, bien que les producteurs soient les premiers fondateurs, ce ne sont pas les bâtisseurs. Mais, quant aux créatures animales, il y en a quelques sortes qui sont composées de plusieurs mouvements figuratifs différents ; parmi lesquelles sortes, l'humanité, qui a des parties figuratives très différentes, comme les os, les tendons, les nerfs, les muscles, les veines, la chair, la peau et la moelle, le sang, le choler, le flegme, la mélancolie, etc. aussi, Tête, Poitrine, Cou, Bras, Mains, Corps, Ventre, Cuisses, Jambes, Pieds, &c. également, cerveaux, poumons, estomac, cœur, foie, ventre, reins, vessie, tripes, etc. ; et tous ceux-ci ont plusieurs actions, mais tous s'accordent comme un seul, selon la propriété de cette sorte de créature nommée HOMME.

TYPE. III. Du Quickning d'un enfant, ou de toute autre sorte de créatures animales.

La raison pour laquelle une femme, ou un animal semblable, ne sent pas son enfant dès qu'il est produit, c'est que l'enfant ne peut avoir un mouvement animal tant qu'il n'a pas une nature animale, c'est-à-dire tant qu'il n'est pas parfaitement animal. Créature; et dès que c'est un Enfant parfait, elle le sent bouger, selon sa nature : mais ce ne sont que les Parties Sensibles de l'Enfant qui sont senties par la Mère, non le Rationnel ; parce que ces Parties sont les Concepteurs, pas les Constructeurs ; et donc, n'étant pas les Parties Travaillantes, ne sont pas les Parties Sensibles. Mais il est à noter que, selon la régularité ou l'irrégularité des mouvements figuratifs, l'enfant est *bien conformé* ou **mal conformé** .

TYPE. IV. De la naissance d'un enfant.

La raison pour laquelle un enfant, ou une créature animale semblable, ne reste pas plus longtemps dans le corps de la mère qu'à un certain moment, c'est qu'un enfant n'est pas parfait avant ce moment et serait trop grand après ce moment ; et si grand qu'il n'y aurait pas assez de place ; et c'est pourquoi il lutte et travaille pour la liberté.

TYPE. V. Des mésaventures ou fausses couches des créatures reproductrices.

Lorsqu'une jument, une biche, une biche ou un animal similaire, jettent leurs petits, ou qu'une femme fait une fausse couche de son enfant, la mésaventure se produit soit par les irrégularités des mouvements corporels, soit par les parties de l'enfant ; ou par quelque Irrégularité des Parties de la Mère ; ou bien de la Mère et de l'Enfant. Si les Irrégularités sont des Parties de l'Enfant, ces Parties se séparent de la Mère, par leur Irrégularité : mais, si l'Irrégularité est dans les Parties de la Mère, alors la Mère se sépare d'une certaine manière de l'Enfant ; et s'il y a une maladie de Carré dans l'un et l'autre, l'Enfant et la Mère se séparent l'un de l'autre. Quant aux fausses Conceptions, elles sont occasionnées par les Irrégularités de la Conception.

TYPE. VI. De l'augmentation de la croissance et de la force de l'humanité ou de créatures semblables.

La raison pour laquelle la plupart des animaux, en particulier les créatures humaines, sont faibles pendant qu'ils sont nourrissons, et que leur force et leur croissance augmentent par degrés, est qu'un enfant n'a pas autant de parties que lorsqu'il est adolescent ; ni autant de parties quand il est adolescent, que quand il est homme : car, après que l'enfant est séparé de la mère, il est nourri par d'autres créatures, comme l'était la mère, et l'enfant par la mère ; et selon que les parties nourricières sont régulières ou irrégulières, l'enfant, l'adolescent ou l'homme est plus faible ou plus fort ; en bonne santé ou malade ; et quand les Mouvements Figuratifs se meuvent (pourrais-je dire pour l'expression) curieusement, le Corps est bien façonné, et est, comme on dit, beau. Mais ceci est à noter, que ce n'est pas la grandeur, ou la masse du corps, qui rend un corps parfait ; car, il y a plusieurs tailles de chaque sorte, ou genre de créatures ; comme aussi, dans chaque genre particulier, ou sorte; et chaque taille peut être aussi parfaite, l'une, que l'autre : Mais, je veux dire le nombre de parties, selon la taille appropriée.

TYPE. VII. Des diverses propriétés des diverses formes extérieures de plusieurs espèces d'animaux.

Les différentes formes extérieures des créatures provoquent plusieurs propriétés, telles que courir, sauter, sautiller, bondir, grimper, galoper, trotter, marcher, tourner, s'enrouler et ramer ; également ramper, ramper, voler, planer ou remorquer ; nager, plonger, creuser, piquer ou percer ; Presser, filer, tisser, tordre, imprimer, sculpter, casser, dessiner, conduire, porter, porter, tenir, saisir ou saisir, plier et des millions de choses similaires. De plus, les formes extérieures causent des défenses, comme les cornes, les griffes, les dents, les becs, les serres, les finlandais, *etc.* De même, les Formes Extérieures causent des Offenses, et donnent des Offenses : Comme aussi, les différentes sortes de Formes Extérieures, causent différentes Perceptions Extérieures.

TYPE. VIII. Des parties qui se divisent et s'unissent d'une créature particulière.

Ces parties (comme je l'ai dit) qui ont été les premiers fondateurs d'un animal, ou d'une autre sorte de créature, peuvent ne pas être des habitants constants : car, bien que

la Société peut rester, les Parties particulières peuvent supprimer : De plus, toutes les Sociétés particulières d'un genre, ou d'une sorte, ne peuvent pas continuer le même temps ; mais certains peuvent se dissoudre plus tôt que d'autres. Aussi, les uns s'altèrent peu à peu, les autres tout d'un coup ; mais, de ces sociétés qui continuent, les parties particulières se retirent, et d'autres parties particulières s'unissent ; ainsi, comme certaines parties *appartenaient* à la société, certaines autres parties sont de la société et *seront* de la société : mais, lorsque la forme, le cadre et l'ordre de la société commencent à changer, alors cette créature particulière commence à se décomposer. . Mais ceci est à noter, Que ces Créatures particulières qui meurent dans leur Enfance, ou Jeunesse, n'ont jamais été une Société complète et régulière ; et la dissolution d'une société, qu'elle soit pleine ou qu'elle ne soit qu'une société en formation, l'homme la nomme *MORT* . Aussi, ceci est à noter, Que le Mouvement Nourrissant de la Nourriture, est le Mouvement Unifiant ; et les mouvements de nettoyage ou d'évacuation sont les mouvements corporels de division. De même, il est à noter qu'une société a besoin d'un temps plus long pour s'unir que pour se diviser ; par raison l'union requiert l'assistance des Parties Étrangères, tandis que les partages ne sont qu'un partage des Parties d'origine. Aussi, une Créature particulière, ou Société, est plus longue à diviser ses Parties qu'à modifier ses Actions ; car une action de dispersion est requise dans la division, mais pas dans la modification des actions.

LA CINQUIEME PARTIE.

TYPE. I. De l'HOMME.

Or j'ai parlé, dans les premières parties, d'une manière générale, des *animaux* : je parlerai, dans les chapitres suivants, plus particulièrement de cette espèce que nous nommons *l'humanité* ; qui croient (ignorant la nature des autres créatures) qu'ils sont les plus savants de toutes les créatures ; et pourtant un *homme entier* (pourrais-je dire par souci d'expression) ne connaît pas tous les mouvements figuratifs appartenant soit à son esprit, soit à son corps : car, il ne connaît généralement pas chaque action particulière de ses mouvements corporels, comme, comment il a été encadré, ou formé, ou perfectionné. Il ne connaît pas non plus chaque mouvement particulier qui occasionne sa consistance actuelle,

ou Être : Ni tout Mouvement Digestif ou Nourrissant particulier : Ni, quand il est malade, le Mouvement Irrégulier particulier qui cause sa Maladie. Les mouvements rationnels de la tête ne connaissent pas non plus toujours les actions figuratives de ceux du talon. En bref, (comme je l'ai dit) l'homme ne connaît généralement pas chaque partie particulière, ou mouvement corporel, soit de l'esprit, soit du corps : ce qui prouve que l'âme naturelle de l'homme n'est pas inaltérable, ou indivisible, et non composée.

TYPE. II. De la variété des mouvements naturels de l'homme.

Il y a une abondance de variétés de mouvements figuratifs chez l'homme : comme, premièrement, il y a plusieurs mouvements figuratifs de la forme et du cadre de l'homme, comme de ses parties figuratives innées, intérieures et extérieures. En outre, il y a plusieurs figures de ses plusieurs perceptions, conceptions, appétit, digestions, réparations, etc. Il y a aussi plusieurs Figures de plusieurs Postures de ses plusieurs Parties ; et une différence de ses Mouvements Figuratifs, ou Parties, d'autres Créatures; tous qui sont Innombrables : Et pourtant toutes ces différentes Actions sont propres à la Nature de *l'HOMME* .

TYPE. III. De la forme et de la parole de l'homme.

La forme du corps sensible de l'homme est, en quelque sorte, d'une forme mixte : mais, il est singulier en ce qu'il est d'une forme droite et droite ; dont aucun autre Animal que l'Homme n'est : dont la Forme le rend non seulement propre, propre, facile et libre, pour toutes les actions extérieures ; mais aussi pour la parole : pour être droit, comme dans une ligne droite et directe de la tête aux pieds, de sorte que son nez, sa bouche, sa gorge, son cou, sa poitrine, son ventre, son ventre, ses cuisses et ses jambes sont issus d'une ligne droite : aussi, ses organes-tuyaux, nerfs, tendons et joies sont dans une posture droite et égale les uns aux autres ; ce qui en est la cause, la langue et les organes de l'homme sont plus aptes à la parole que ceux de toute autre créature ; ce qui le rend plus apte à imiter les voix ou les sons de toute autre créature : alors que les autres créatures animales, en raison de leurs formes courbées et de leurs organes tordus, ne sont pas aptes à la parole ; ni (à mon avis) d'autres animaux n'ont un son ou une voix aussi mélodieux que l'homme: car, bien que certaines sortes de voix d'oiseaux soient douces, elles sont cependant faibles et faibles; et les voix des bêtes sont dures et grossières : mais de tous les autres animaux, outre l'homme, les oiseaux sont les plus aptes à la parole ; pour cette raison, ils sont plus d'une forme droite, que les bêtes, ou toutes autres sortes de créatures animales, comme les poissons, et autres; car, les oiseaux sont d'une forme droite et droite, comme de leurs seins, à leurs têtes ; mais, n'étant pas aussi droit que l'homme; fait parler les oiseaux avec inquiétude et contrainte: la forme de l'homme est si ingénieusement conçue, qu'il est apte et propre à plus de plusieurs sortes d'actions extérieures, que toute autre créature animale; c'est pourquoi il apparaît comme Seigneur et Souverain des autres créatures animales.

TYPE. IV. Des diverses parties figuratives des créatures humaines.

La manière de la composition de l'homme, ou forme, est de différentes parties figuratives ; dont certaines de ces parties semblent être les parties suprêmes ou (pour ainsi dire) fondamentales ; comme la Tête, la Poitrine, les Poumons, l'Estomac, le Cœur, le Foie, la Rate, les Intestins, les Rênes, les Reins, la Gaule, et bien d'autres encore ; ces Parties ont aussi d'autres Parties Figuratives qui leur appartiennent ou qui leur sont attenantes, comme la Tête, le Crâne, le Cerveau, *Pie-mère, dure-mère* , front, nez, yeux, joues, oreilles, bouche, langue et plusieurs parties figuratives appartenant à ceux-ci ; ainsi du reste des Parties, comme les Bras, les Mains, les Doigts, les Jambes, les Pieds, les Orteils, et ainsi de suite : toutes ces Parties différentes, ont différentes sortes de Perceptions ; et pourtant (comme je l'ai dit autrefois) leurs perceptions sont unies : car, bien que toutes les parties du corps humain aient des perceptions différentes ; pourtant ces différentes perceptions s'unissent en une Perception générale, à la fois pour la Subsistance, la Consistance et l'usage de l'Homme Tout entier : mais, concernant les Particuliers, non seulement les diverses Parties Figuratives composées, ont plusieurs sortes de Perceptions ; mais chaque partie a une variété de perceptions, occasionnées par une variété d'objets.

TYPE. V. Des diverses perceptions parmi les diverses parties de l'HOMME.

Comme il y a une infinité de mouvements figuratifs corporels ou d'actions de la nature, il doit nécessairement y avoir une infinité de connaissances et de perceptions de soi : mais je ne traiterai, dans cette partie de mon livre, que de la perception propre à l'humanité : et d'abord, de les diverses et différentes perceptions, propres aux diverses et différentes parties : car, bien que chaque partie et particule du corps d'un homme soit perceptive ; cependant, chaque partie particulière d'un homme n'est pas généralement perçue ; car, les parties intérieures ne perçoivent généralement pas l'extérieur ; ni l'Extérieur, généralement ou parfaitement, l'Intérieur ; et pourtant, les mouvements corporels intérieurs et extérieurs s'accordent comme une seule société ; car chaque partie, ou mouvement corporel, connaît son propre office ; comme en tant qu'officiers dans un Commonwealth, bien qu'ils ne se connaissent peut-être pas, ils connaissent pourtant leurs emplois : ainsi, chaque homme particulier dans un Commonwealth connaît son propre emploi, bien qu'il ne connaisse pas tous les hommes dans le Common-wealth. richesse. Il en va de même pour les parties du corps et de l'esprit d'un homme. Mais, s'il y a quelque Irrégularité ou Désordre dans une République, chaque Particulier est troublé, percevant un Désordre dans la République. Le même parmi les parties du corps d'un homme ; et pourtant beaucoup de ces parties ne connaissent pas la cause particulière de cette perturbation générale. Quant aux Désordres, ils peuvent provenir de quelques Irrégularités ; mais pour la paix, il doit y avoir un accord général, c'est-à-dire que chaque partie doit être régulière.

TYPE. VI. Des perceptions divisées et composées.

Comme je l'ai déjà dit, il y a dans la nature des perceptions à la fois divisées et composées ; et pour preuve, je mentionnerai les perceptions extérieures de l'homme ; Par exemple, l'homme a une perception composée de la vue, de l'ouïe, de l'odorat, du goût et du toucher ; dont chaque espèce est composée, quoique de différentes manières ou manières ; et pourtant sont divisés, étant plusieurs sortes de Perceptions, et non toutes une seule Perception. Encore une fois, ils sont tous composés, étant unis en tant que perceptions propres d'un seul homme; et non seulement ainsi, mais unis pour percevoir les différentes parties d'un objet : car, comme les perceptions sont composées de parties, les objets le sont aussi ; et comme il y a différents Objets, il y a différentes Perceptions ; mais il n'est pas possible pour un Homme de connaître toutes les diverses sortes de Perceptions propres à chaque Partie Composée de son Corps ou de son Esprit, encore moins des autres.

TYPE. VII. Des ignorances des divers organes perceptifs.

Comme je l'ai dit, que chaque perception composée par plusieurs, était unie à l'usage approprié de toute leur société, comme un seul homme; pourtant, tous les organes perceptifs de l'homme s'ignorent les uns les autres ; comme la perception de la vue ignore celle de l'ouïe ; la perception de l'ouïe, ignore la perception de la vue ; et la Perception de l'Odeur ignore les Perceptions des deux autres, et celles de l'Odeur, et la même chose du Goût et du Toucher : Aussi, chaque Perception de chaque Organe particulier est différente ; mais certaines sortes de Perceptions Humaines exigent une certaine distance entre elles et l'Objet : Comme par exemple, La Perception de la Vue exige certaines Distances, ainsi que des Magnitudes ; tandis que la perception du toucher nécessite un Joyning-Object, ou Part. Mais ceci est à noter, que bien que ces divers organes ne se connaissent pas parfaitement ou complètement; pourtant, dans la Perception des différentes parties d'un Objet, elles s'accordent toutes pour faire leurs diverses Perceptions, pour ainsi dire par un seul Acte, à un moment donné.

TYPE. VIII. Des perceptions particulières et générales des parties extérieures des êtres humains.

Il y a parmi les perceptions extérieures des créatures humaines, à la fois des sortes particulières de perceptions et des perceptions générales : Car, bien qu'aucune des parties extérieures, ou organes, n'ait le sens de la vue, mais les yeux ; de l'ouïe, mais les oreilles ; de l'odorat, mais le nez ; de Goûter, mais la Bouche : pourtant toutes les Parties Extérieures ont la Perception du Toucher ; et la raison en est que toutes les parties extérieures sont pleines de pores, ou du moins de telles parties composées, qui sont les organes sensibles du toucher : cependant, ces diverses parties ont plusieurs touchers ; non seulement parce qu'ils ont plusieurs parties, mais parce que ces organes du toucher sont différemment composés. Mais ceci est à noter, que chaque partie a une perception des autres parties de leur société, comme elle a des parties étrangères ; et, comme le Sensible, les parties Rationnelles ont de telles perceptions particulières et générales. Mais il est à noter que les parties rationnelles sont des parties des mêmes organes.

TYPE. IX. Des organes sensibles extérieurs des créatures humaines.

Quant à la manière, ou manières, de toutes les diverses sortes, et perceptions particulières, faites par les différentes parties composées des créatures humaines ; il est impossible, pour une Créature Humaine, d'en connaître autrement, mais en partie : car, étant composé de parties, en Parties, il ne peut avoir qu'une connaissance et une perception partagées de lui-même :

car, chaque partie composée différente de son corps, ont différentes sortes de connaissance de soi, ainsi que différentes sortes de perceptions ; mais pourtant, la manière et la manière de certaines perceptions humaines peuvent être imaginées probablement, surtout celles des parties extérieures, l'homme nomme les *organes sensitifs* ; quelles parties (à mon avis) ont leurs actions perceptives, après la manière de modeler ou de représenter la forme extérieure, ou le cadre, d'objets étrangers : comme par exemple, l'objet actuel est une bougie ; l'Organe Humain de la Vue représente la Flamme, la Lumière, la Semaine ou le Tabac, le Suif, la Couleur et la dimension de la Bougie ; l'Oreille modèle le bruit étincelant ; le Nez dessine le parfum de la Bougie ; et la Langue peut modeler le goût de la Bougie : mais, dès que l'Objet est enlevé, la figure de la Bougie est transformée en l'Objet présent, ou en autant d'un Objet présent, qu'il est sujet à la Perception Humaine. Ainsi, les différentes parties ou propriétés peuvent être modelées par les différents organes. Aussi, toute action altérée, d'un seul et même Organe, sont des Perceptions altérées ; de sorte qu'il peut y avoir des nombres de plusieurs images ou modèles faits par les actions sensibles d'un organe ; Je ne dirai pas, par un acte; pourtant il peut y avoir beaucoup de variété dans une action. Mais ceci est à noter, Que l'Objet n'est pas la *cause* de la Perception, mais n'en est que l' *occasion* : car, les Organes Sensibles peuvent faire de telles actions figuratives, s'il n'y avait pas d'Objet présent ; ce qui prouve que l'Objet n'est pas la Cause de la Perception. Aussi, quand les parties Sensibles des Organes Sensibles sont Irrégulières, elles feront de fausses perceptions des Objets présents ; c'est pourquoi l'Objet n'est pas la Cause. Mais une chose que je désire, ne pas me tromper ; car je ne dis pas que toutes les parties appartenant à l'un des organes particuliers ne se meuvent que dans une sorte ou un genre de perception; mais je dis, Certaines des parties de l'Organe, se meuvent à telle, ou telle perception : car, toutes les actions des Oreilles, ne sont pas seulement l'ouïe ; et toutes les actions de l'Oeil, voir; et toutes les actions du Nez, sentir; et toutes les actions de la Bouche, la dégustation ; mais, ils ont d'autres sortes d'actions : pourtant, toutes les sortes de chaque Organe, sont selon la propriété de leur Composition figurative.

TYPE. X. Des parties rationnelles des organes humains.

Quant aux parties rationnelles des organes humains, elles se meuvent selon les parties sensibles, c'est-à-dire se meuvent selon les figures des corps étrangers ; et leurs actions sont (si Régulières) au même moment, avec le Sensible : mais, bien que leurs Actions soient semblables, cependant il y a une différence dans leur Degré ; car la figure d'un objet dans l'esprit est bien plus pure que la figure dans le sens. Mais, pour prouver que le Rationnel (s'il est Régulier) se meut avec le Sens, c'est que toutes les diverses perceptions

Sensitives des Organes Sensibles (comme toutes les diverses Vues, Sons, Parfums, Goûts et Touches) sont des pensées de la même chose. .

TYPE. XI. De la différence entre la conception humaine et la perception.

Il y a quelques différences entre la perception et la conception : car la perception appartient proprement aux objets présents ; considérant que les Conceptions n'ont pas une telle dépendance stricte : Mais, les Conceptions ne sont pas propres aux Organes Sensibles, ou aux parties d'une Créature Humaine ; c'est pourquoi le Sensitif ne se meut jamais à la manière de la Conception, mais d'une manière irrégulière ; comme lorsqu'une créature humaine est dans une passion violente, folle, faible ou similaire. Mais ceci est à noter, que toutes sortes de fantaisies, d'imaginations, *etc.* qu'ils soient sensibles ou rationnels, ils sont à la manière des conceptions, c'est-à-dire qu'ils se déplacent par cœur et non par l'exemple. Aussi, il est à noter, Que les parties Rationnelles peuvent se mouvoir dans des Actions Figuratives plus diverses que les Sensibles ; qui est la cause qu'une créature humaine a plus de conceptions que de perceptions ; de sorte que l'Esprit peut se complaire avec plus de variété de Pensées que le Sensible avec une variété d'Objets : car la variété d'Objets se compose de Parties Étrangères ; tandis que la variété des conceptions ne consiste qu'en leurs propres parties. De même, les parties sensibles sont plus tôt satisfaites de la perception d'objets particuliers, que l'esprit de souvenirs particuliers.

TYPE. XII. Des diverses variétés d'actions des créatures humaines.

Parler de toutes les actions multiples des parties sensibles et rationnelles d'une seule créature, n'est pas possible, étant innombrables : mais, quelques-unes de celles qui sont les plus notables, je mentionnerai, comme, les respirations, les digestions, les aliments, les appétits, la satiété, Aversions, Conceptions, Opinions, Fantaisies, Passions, Mémoire, Souvenir, Raisonnement, Examiner, Considérer, Observer, Distinguer, Construire, Argumenter, Approuver, Désapprouver, Découvertes, Arts, Sciences. Les actions extérieures sont, marcher, courir, danser, tourner, culbuter, porter, porter, tenir, frapper, trembler, soupirer, gémir, pleurer, froncer les sourcils, rire, parler, chanter et siffler : quant aux postures, elles ne peuvent pas être bien décrites. ; seulement, Debout, Assis et Couché.

TYPE. XIII. Du mode d'Information entre les Parties Rationnelles et Sensibles.

Le mode d'information parmi les parties automotrices d'une créature humaine, est après divers et plusieurs manières, ou voies, parmi les différentes parties : mais, le mode d'information entre les parties sensibles et rationnelles, est, pour la plupart, par Imitation ; comme, imitant les actions de l'autre : Comme par exemple, Les parties Rationnelles inventent des Sciences ; l'effort sensible de mettre ces sciences dans un art. Si le Rationnel perçoit que les actions Sensibles ne sont pas justes, selon cette Science, elles informent le Sensible ; alors les Parties Sensibles s'efforcent de travailler, selon les directives du Rationnel : mais, s'il y a quelque obstruction ou empêchement, alors le Rationnel et le Sensitif conviennent de déclarer leur Dessein, et de demander l'aide d'autres Associés, qui sont d'autres Hommes ; ainsi que d'autres créatures. Quant aux diverses manières et informations entre l'homme et l'homme, elles sont si ordinaires que je n'aurai pas besoin de les mentionner.

TYPE. XIV. Des irrégularités et des régularités des parties automotrices des créatures humaines.

La nature étant en équilibre, il doit nécessairement y avoir des irrégularités, aussi bien que des régularités, à la fois des parties rationnelles et sensibles ; mais quand le Rationnel est Irrégulier, et le Sensible Régulier, le Sensible s'efforce de rectifier les Erreurs du Rationnel. Et si le sensible est irrégulier, et le rationnel régulier, le rationnel s'efforce de rectifier les erreurs du sensible : car les parties particulières d'une société s'entraident beaucoup ; comme nous pouvons l'observer par les parties extérieures des corps humains ; les Mains s'efforcent d'aider toute partie en détresse ; les Leggs courront, les Yeux regarderont, les Oreilles écouteront, pour n'importe quel avantage à la Société ; mais quand il y a Irrégularité générale, alors la Société tombe en ruine.

TYPE. XV. De l'accord ou du désaccord des parties sensibles et rationnelles des créatures humaines.

Il y a, pour la plupart, un accord général entre les parties rationnelles et sensibles des créatures humaines ; non seulement dans leurs actions particulières, mais générales ; seuls les rationnels sont les parties de conception ; et les Parties Sensibles, les Parties Travaillantes : Quant à la preuve, L'Esprit projette d'aller dans telles, ou telles Parties, ou Lieux Étrangers ; sur quel dessein les parties sensibles travailleront pour exécuter l'intention de l'esprit, de même que tout le corps sensible travaille pour aller à l'endroit désigné, sans autre préoccupation de l'esprit : car, l'esprit ne tient aucun compte de chaque action des parties sensibles ; ni de ceux des Yeux, Oreilles; ou des Leggs, ou pieds ; ni de leurs perceptions : car, bien des fois, l'Esprit est occupé par quelque Conception, Imagination, Fantaisie, ou quelque chose de semblable ; et pourtant les parties sensibles exécutent exactement le dessein de l'esprit. Mais, pour une meilleure preuve, lorsque les parties sensibles sont malades, faibles ou défectueuses, à cause de certaines irrégularités, les parties sensibles ne peuvent pas exécuter le dessein de l'esprit : aussi, lorsque les parties sensibles sont négligentes, elles se trompent souvent de chemin ; ou quand ils sont irrégulièrement opposés, ou occupés par quelque Appétit, ils n'obéiront pas au désir de l'Esprit ; tout ce qui

sont différents degrés de parties. Mais, comme c'est parmi les parties particulières d'une société; ainsi, bien des fois, entre plusieurs Sociétés ; car, parfois, les parties sensibles de deux hommes ne se soucient pas l'une de l'autre : comme par exemple, lorsque deux hommes parlent ensemble, l'un ne tient pas compte de ce que l'autre dit ; tant de fois, les parties Sensibles ne regardent pas les Propositions du Rationnel ; mais alors le Sensible n'est pas parfaitement Régulier.

TYPE. XVI. Du Pouvoir du Rationnel ; ou plutôt de l'indulgence du sensible.

Les Mouvements Corporels Rationnels, étant les plus purs, les plus libres, et donc les plus actifs, ont un grand pouvoir sur le Sensible ; quant à persuader ou leur ordonner d'obéir : comme par exemple, lorsqu'un homme étudie certaines inventions de fantaisies poétiques, ou similaires ; bien que les Mouvements Corporels Sensibles, dans les Organes Sensibles, désirent s'abstenir de modeler des Objets, et se dirigeraient vers le sommeil ; pourtant le Rationnel ne les souffrira pas, mais les fait travailler, à savoir. écrire, ou lire, ou faire un autre Travail : Aussi, quand l'Esprit Rationnel est joyeux, il fera danser les Leggs, les Organes de la Voix pour chanter, la Bouche pour parler, manger, boire, et du même genre : Si l'Esprit se déplace vers la tristesse, il fait pleurer les Yeux, soupirer les Poumons, prononcer des mots de Plainte dans la Bouche. Ainsi, les mouvements corporels rationnels de l'esprit occasionneront aux sens de regarder, de travailler, de s'amuser et de jouer. Mais ne me méprenez pas; car je ne veux pas dire que les sens sont tenus d'obéir aux desseins rationnels ; car, les Mouvements Corporels Sensibles, ont autant de liberté d'Auto-mouvement, que le Rationnel : car, le Commandement du Rationnel, et l'Obéissance du Sensitif, est plutôt un Accord, qu'une Contrainte : car, dans beaucoup de cas, le Sensible ne sera pas d'accord, donc n'obéira pas : aussi, dans bien des cas, le Rationnel se soumet au Sensible : aussi, le Rationnel sera parfois irrégulier ; et, d'autre part, quelquefois le Sensible sera irrégulier, et le Rationnel régulier ; et parfois tous les deux irréguliers.

TYPE. XVII. Des appétits et des passions humaines.

Les appétits sensitifs et les passions rationnelles se ressemblent tellement qu'ils déconcerteraient le philosophe le plus sage pour les distinguer ; et il n'y a pas seulement une ressemblance, mais, pour la plupart, un accord sympathique entre les appétits et les passions ; laquelle forte conjonction occasionne souvent des perturbations à toute la vie de l'homme ; aux désirs sans fin, aux appétits insatiables, violents

Passions, humeurs inquiètes, chagrin, douleur, tristesse, maladie, etc. ; par lequel, l'homme semble être plus agité, que n'importe quelle autre créature : mais, que la cause soit dans la manière, ou la forme de la composition de l'homme, ou occasionnée par quelques irrégularités ; Je laisserai à ceux qui sont plus sages que moi le soin de juger. Mais ceci est à noter, que plus les mouvements rationnels et sensibles font de changements et d'altérations, plus l'homme a de variété de passions et d'appétits : aussi, plus les mouvements sont rapides, plus l'appétit est aigu et plus l'esprit est rapide, l'homme a . Mais, comme tous les sens humains ne sont pas liés à un seul organe ; ainsi toutes les Connaissances ne sont pas liées à un Sens, pas plus que toutes les Parties de la Matière à la composition d'une Créature particulière : mais, par certaines des actions Rationnelles et Sensibles, nous pouvons percevoir la différence de certaines des actions Sensibles et Rationnelles . ; comme, douleur sensible, deuil rationnel ; Plaisir sensible, plaisir rationnel ; Appétit sensible, désir rationnel ; qui sont des actions sympathiques des Parties Rationnelle et Sensitive : Aussi, par la sympathie, les Passions Rationnelles occasionneront des Appétits Sensibles ; et les appétits, les passions semblables.

TYPE. XVIII. Des actions rationnelles de la tête et du cœur des créatures humaines.

Comme je l'ai dit autrefois, dans chaque partie figurative d'une créature humaine, les actions sont différentes, selon la propriété de leurs différents compositeurs ; de sorte que les mouvements du cœur sont différents des mouvements de la tête et des autres parties : mais, quant aux mouvements de la tête, ils sont (à mon avis) plus à la manière des figures en relief ; et ceux du Cœur, plus à la manière des Figures Plates ; comme la peinture, l'impression, la gravure, *etc.* Car, si nous observons, les pensées dans nos têtes sont différentes des pensées dans nos cœurs. Je ne nomme ces deux parties que parce qu'elles semblent sympathiser ou s'accorder plus particulièrement sur les actions de l'autre que certaines des autres parties des créatures humaines.

TYPE. XIX. Des passions et des imaginations.

Certaines sortes de passions semblent être dans le cœur ; comme l'amour, la haine, le chagrin, la joie, la peur, etc. ; et toutes les imaginations, fantaisies, opinions, inventions, *&c.* dans la tête. Mais, ne me méprenez pas, je ne dis pas qu'aucune des autres parties d'un homme n'a pas de passions et de conceptions : mais, dis-je, elles ne sont pas de la même manière, ou manière, que dans le cœur ou la tête : comme par exemple, chaque partie du corps d'un homme est sensible, mais pas d'une seule et même manière : car, chaque partie du corps d'un homme a des perceptions différentes, comme je l'ai précédemment déclaré, et pourtant peut s'accorder sur des actions générales : mais, à moins que les diverses parties composées d'une créature humaine n'eussent pas plusieurs actions perceptives, il était impossible de faire une perception générale, soit parmi les diverses parties de leur propre société, soit des objets étrangers. Mais, il m'est impossible de décrire les différentes manières et manières des Parties particulières, ou les différentes actions d'une Partie quelconque : car, ce que l'Homme peut décrire les différentes actions perceptives de cette Partie composée, l'Œil, et ainsi de la reste des parties.

TYPE. XX. Que les associations, les divisions et les altérations causent plusieurs effets.

Les mouvements corporels rationnels et sensibles sont les parties perceptives de la nature ; et ce qui cause la connaissance entre certaines parties, c'est leur union et leur association : ce qui perd la connaissance d'autres parties, ce sont leurs divisions et altérations : car, comme les auto-compositions causent des connaissances ou des connaissances particulières, de même les auto-divisions causent des ignorances particulières, Ou Oubliés: car, comme toutes sortes et sortes de créatures sont produites, nourries et augmentées par l'association des parties; ainsi sont toutes sortes et sortes de perceptions ; et selon que leurs associations ou leurs compositions durent, ainsi dure leur connaissance ; qui est la cause, que les Observations et Expériences de plusieurs Créatures particulières, telles que les Hommes, dans plusieurs Âges particuliers, réunis comme en un Homme ou Âge, causent des Opinions fortes et de longue durée, des Inventions subtiles et ingénieuses, d'heureuses et avantages rentables ; comme aussi, Conjectures probables, et plusieurs Vérités, de plusieurs Causes et Effets : Considérant que, les Divisions de Sociétés particulières, causent ce que nous appelons la Mort, l'Ignorance, l'Oubli, l'Obscurité des Créatures particulières, et des Connaissances perceptives ; de sorte que les Connaissances perceptives particulières s'altèrent et changent, de même les Créatures particulières : car, bien que les Genres et les Sortes durent, les Particuliers ne durent pas.

TYPE. XXI. Des différences entre l'amour-propre et l'amour passionné.

L'amour de soi, c'est comme la connaissance de soi, qui est une nature innée ; et donc n'est-ce pas que Love Man nomme l'Amour Passionné : car, *l'Amour Passionné* appartient à plusieurs Parties ; de sorte que les différentes parties d'une société, en tant qu'une seule créature, ont à la fois l'amour passionné et l'amour-propre, comme étant unis par sympathie dans une société. autre; mais, entre plusieurs Sociétés ; et non seulement plusieurs sociétés d'un même genre, mais de genres différents.

LA SIXIÈME PARTIE.

TYPE. I. Des mouvements de quelques parties de l'esprit ; et de Forrein Objects.

Les notions, les imaginations, les conceptions, etc., sont des actions de l'esprit qui ne concernent pas des objets forrein ; et certaines notions, imaginations ou conceptions d'un homme peuvent ressembler à un autre homme ou à plusieurs hommes. De plus, l'esprit d'un homme peut se mouvoir dans des actions figuratives semblables à celles des actions sensibles d'autres sortes de créatures ; et cela, l'homme nomme *l'Intelligence* : et si ces Conceptions se produisent ensuite, l'Homme les nomme *Prudence* ou *Prévoyance* ; mais si ces Parties se meuvent dans des Inventions telles qu'elles sont capables d'être mises dans les Arts, l'Homme les nomme, *Ingéniosité* : mais, si elles ne sont pas capables d'être mises dans la pratique des Arts, l'Homme les nomme, *Sciences* : si ces Mouvements sont si subtils, que le Sensitif ne peut pas les imiter, l'Homme les nomme, *Fantaisies* : mais, quand ces Parties Rationnelles se meuvent dans la promiscuité, comme en partie après leurs propres inventions, et en partie à la manière de Forrein ou d'Objets extérieurs ; L'homme les nomme, *Conjectures*, ou *Probabilités* : et quand il y a un très grand nombre de plusieurs Mouvements Figuratifs, Rationnels, alors l'Homme dit, *L'Esprit est plein de Pensées* : quand ces Mouvements Figuratifs Rationnels, sont d'Objets nombreux et différents, l'Homme les nomme, *Expériences*, ou *Apprentissage* : mais, lorsqu'il n'y a que peu de sortes différentes de tels Mouvements Figuratifs, l'Homme les nomme *Ignorances*.

TYPE. II. Des mouvements de quelques parties de l'esprit.

Lorsque les Mouvements Corporels Figuratifs Rationnels d'une Créature Humaine, ne prêtez pas attention aux Objets Forrein, l'Homme nomme cela, *Rêverie* ou *Contemplation*. Et, lorsque les Parties Rationnelles répètent des Actions antérieures, l'Homme nomme cela, *des Souvenirs*. Mais, lorsque ces Parties modifient ces Répétitions, l'Homme nomme cela, *l'Oubli*. Et, lorsque ces Parties Rationnelles se déplacent, selon un Objet présent, l'Homme le nomme, *Mémoire*. Et quand ces Parties se divisent en diverses sortes d'Actions, l'Homme la nomme, *Argumenter* ou *Disputer dans l'Esprit*. Et quand ces diverses sortes d'Actions sont en conflit, l'Homme le nomme, *Une contradiction avec lui-même*. Et s'il y a un faible conflit, l'homme le nomme *Considération*. Mais, lorsque ces différents Mouvements Figuratifs se meuvent d'un commun accord, et par sympathie, cet Homme se nomme, *Discrétion*. Mais, lorsque ces différentes sortes d'actions se déplacent par sympathie et continuent dans cette manière d'action, sans aucune altération, l'homme la nomme *Croyance, Foi* ou *Obstination* . Et quand ces Parties font souvent des changements, comme altérant leurs Mouvements, l'Homme nomme cela *l'Inconstance* . Lorsque leurs parties rationnelles se déplacent lentement, de manière ordonnée, égale et sympathique, l'homme l'appelle *sobriété* . Lorsque toutes les parties de l'esprit bougent régulièrement et par sympathie, l'homme le nomme *Sagesse* . Lorsque certaines Parties bougent en partie régulièrement et en partie irrégulièrement, l'Homme nomme cela *Folie* et *Simplicité* . Lorsqu'ils se déplacent généralement irrégulièrement, l'Homme le nomme *Folie* .

TYPE. III. Des mouvements des passions humaines et des appétits ; comme aussi, des mouvements des parties rationnelles et sensibles, vers les objets forrein.

Lorsque certaines des parties rationnelles se déplacent par sympathie, vers certaines des perceptions sensibles ; et ces Parties Sensibles sympathisent avec l'Objet, c'est *l'Amour* . S'ils se déplacent de manière antipathique vers l'Objet, c'est de *la Haine* . Lorsque ces mouvements rationnels et sensibles font de nombreuses et rapides répétitions de ces actions sympathiques, c'est *le désir* et *l'appétit* . Lorsque ces Parties se déplacent différemment (concernant l'Objet) mais néanmoins par sympathie (concernant leurs propres Parties), c'est *l'Inconstance* . Lorsque ces Mouvements se dirigent vers l'Objet et sont perturbés, c'est *la Colère* . Mais quand ces Mouvements perturbés sont dans la confusion, c'est *la Peur* . Lorsque les mouvements rationnels sont en partie sympathiques et en partie antipathiques, c'est *l'espoir* et *le doute* . Et s'il y a plus de Mouvements sympathiques qu'antipathiques, il y a plus *d'Espoir* que *de Doute* . Si plus antipathique que sympathique, alors plus *de doute* que *d'espoir* . Si ces Mouvements Rationnels se déplacent d'une manière dilatante, c'est *la Joie* . Si après une manière contractuelle, c'est *Grief* . Lorsque ces Parties se meuvent en partie après une contraction, et en partie d'une manière attractive, comme s'attirant de l'Objet, c'est la *Convoitise* . Mais, si ces Mouvements sont sympathiques à l'Objet, et se déplacent d'une manière dilatante vers l'Objet, c'est la *Générosité* . Si ces mouvements sont sympathiques à l'objet et se déplacent à la manière d'une contraction, c'est de *la pitié* ou *de la compassion* . Si ces Mouvements se déplacent antipathiquement vers l'Objet, mais après une dilatation, c'est *l'Orgueil* . Lorsque ces Mouvements se déplacent sympathiquement vers l'Objet, après une dilatation, c'est *Admiration* . Si l'action de dilatation n'est pas extrême, il s'agit uniquement *d'approbation* . Si ces Mouvements sont antipathiques envers l'Objet, et sont à la manière d'une contraction extrême, c'est *l'Horreur* . Mais, si ces actions ne sont pas si extraordinaires qu'elles soient extrêmes, ce n'est que *désapprouver, mépriser, rejeter* ou *mépriser* . Si les Parties Rationnelles se déplacent négligemment vers les Objets Forrein, comme aussi partiellement antipathiquement, l'Homme le nomme, *Mauvaise nature* . Mais, s'il est sympathique et assidu, l'homme le nomme, *la bonne nature* . Mais ceci est à noter, qu'il y a plusieurs sortes de mouvements d'un seul et même genre ; et beaucoup de plusieurs mouvements particuliers, d'une sorte de mouvement ; ce qui cause quelque différence dans les effets; mais ils sont si étroitement liés, qu'il faut une observation plus subtile que la mienne pour les distinguer.

TYPE. IV. Des répétitions des actions sensibles et rationnelles.

Les mouvements corporels rationnels et sensibles font souvent des répétitions d'une seule et même action : les répétitions sensibles, Man nameth, *Custom* . Les Répétitions Rationnelles, Man nameth, *Souvenirs* : car, Les Répétitions causent une facilité parmi les Parties Sensibles ; mais pourtant, dans certaines actions répétitives, les sens semblent fatigués, étant

naturellement ravi de la variété. Aussi, par les Répétitions Rationnelles, l'Esprit est soit ravi, soit mécontent ; et parfois, en partie satisfait et en partie mécontent : car l'esprit est autant satisfait ou mécontent de l'absence d'un objet que de sa présence ; seuls le Plaisir et le Déplaisir des Sens ne sont pas joyeux avec le Rationnel : car, le Sens, s'il est Régulier, fait les Copies les plus parfaites quand l'Objet est présent : mais, le Rationnel peut faire des Copies aussi parfaites en l'absence, comme en présence de l'Objet ; qui est la cause que l'Esprit est autant ravi, ou affligé, en l'absence d'un Objet, qu'en sa présence : Comme par exemple, Un Homme est autant affligé quand il sait que son Ami est blessé, ou mort, que si il avait vu ses blessures, ou l'avait vu mort : car l'image de l'ami mort est dans l'esprit de l'ami vivant ; et si l'Ami mort était devant ses Yeux, il ne pouvait qu'avoir son Image dans son esprit ; il en est de même pour un Ami absent vivant ; seulement, comme je l'ai dit, il manque la perception sensible de l'objet absent : Et certainement, les parties de l'esprit ont plus d'avantage que les parties sensibles ; car, l'Esprit peut jouir de ce qui n'est pas soumis au Sens ; comme ces choses que l'homme nomme, *châteaux en l'air* ou *fantaisies poétiques* ; c'est la raison pour laquelle l'Homme peut jouir des Mondes de sa propre fabrication, sans l'aide des Parties Sensibles ; et peut gouverner et commander ces mondes ; comme aussi, dissoudre et composer plusieurs Mondes, à sa guise : mais certes, comme les plaisirs des Parties Rationnelles sont au-delà de ceux des Sensibles, il en est de même de leurs Troubles.

TYPE. V. De l'amour passionné et des efforts sympathiques parmi les parties associées d'une créature humaine.

Dans chaque Société Humaine Régulière, il y a un Amour Passionné parmi les Parties Associées, comme les Condisciples d'un Collège, ou les Confrères dans une Maison, ou les Frères dans une Famille, ou les Sujets dans une Nation, ou les Communiants dans une Église : Ainsi, les parties automotrices d'une créature humaine, étant associées, s'aiment et s'efforcent donc d'empêcher leur société de se dissoudre. Mais percevant, par l'exemple de la vie de la même sorte de créatures, que la propriété de leur nature est telle, qu'elles doivent se dissoudre en peu de temps, cela amène ces sortes humaines de créatures, (étant très ingénues) à tenter une vie après la mort : mais, percevant à nouveau que leur vie après la mort ne peut pas être la même que la vie présente, ils s'efforcent (puisqu'ils ne peuvent empêcher leur propre Société de se dissoudre) que leur Société puisse rester en mémoire parmi les Sociétés particulières et générales du même genre de Créatures, que nous nommons l'Humanité. L'homme appelle *la Renommée* ; pour laquelle *la renommée* , les parties rationnelles sont assidues pour concevoir la manière et la manière, et les parties sensibles sont assidues pour mettre ces conceptions en exécution ; comme, leurs Inventions, dans les Arts ou les Sciences ; ou pour provoquer leurs actions héroïques ou prudentes, généreuses ou pieuses ; leur apprentissage, ou fantaisies spirituelles, ou conceptions subtiles, ou leurs observations industrieuses, ou leurs inventions ingénieuses, à imprimer ; ou leurs effigies extérieures devant être coulées, taillées ou gravées dans du laiton ou de la pierre, ou devant être peintes ; ou ils s'efforcent de construire des maisons ou de couper des rivières pour porter leurs noms; et des millions d'autres marques, pour le souvenir, ils sont industrieux pour laisser à la perception des après-âges : Et beaucoup d'hommes sont si désireux de cette après-vie, qu'ils quitteraient volontiers leur vie présente, en raison de sa brièveté, pour gagnez cette vie après la mort, à cause de la probabilité d'une longue durée ; et non seulement de vivre ainsi dans plusieurs époques, mais dans plusieurs nations. Et au nombre de ceux qui préfèrent une longue après-vie à une courte vie présente, je fais partie de ceux-là. Mais certains hommes contestent ces désirs, disant qu'il *ne sert à rien à un homme d'être rappelé quand il est mort* . Je réponds : Il est très agréable, tant que l'homme vit, d'avoir dans son esprit ou dans son sens les effigies de la personne et des bonnes actions de son ami, bien qu'il ne puisse pas avoir sa compagnie actuelle. De plus, il est très agréable à quiconque de croire que les effigies, soit de sa propre personne, soit des actions, soit des deux, sont dans l'esprit de son ami, lorsqu'il est absent de lui ; et, dans ce cas, Absence et Mort se ressemblent beaucoup. Mais, en bref, Dieu ne vit pas d'autres manières parmi ses créatures, mais dans leurs pensées rationnelles et leur culte sensible.

TYPE. VI. De CONNAISSANCE.

Comme il y a des connaissances perceptives parmi les parties d'une créature humaine; ainsi il y a une Connaissance Perceptive entre, ou parmi les sortes Humaines de Créatures. Mais, ne me méprenez pas; car je ne dis pas que les hommes seuls se connaissent; car, il n'y a pas seulement une connaissance entre chaque espèce particulière, comme entre une seule et même sorte de créatures, mais il y a des connaissances entre certaines sortes de différentes sortes: comme par exemple, entre certaines sortes de bêtes et des hommes; comme aussi certaines espèces d'Oiseaux et d'Hommes, qui s'entendent, je ne dirai pas, aussi bien que l'Homme et l'Homme ; mais si bien, pour comprendre les Passions de l'autre : mais certainement, chaque espèce particulière de Créatures, d'une seule et même espèce, se comprend, aussi bien que les Hommes se comprennent ; et pourtant, pour autant, ils peuvent ne pas se connaître : car, la Connaissance procède de l'Association ; afin que certains hommes et certaines bêtes, par association, puissent se connaître; alors que certains Hommes, ne s'associant pas, sont de simples étrangers. La vérité est que la connaissance appartient plutôt aux particularités qu'aux généralités.

TYPE. VII. Des effets des forrein objets du corps sensible ; et de l'esprit rationnel d'une créature humaine.

Selon que les Parties Rationnelles sont affectées ou désaffectées par les Objets Forrein, le Sensible est susceptible d'exprimer des affections ou des désaffections similaires : car la plupart des Objets Forrein occasionnent soit du plaisir et du plaisir, soit du déplaisir et de l'aversion : mais, les effets des Objets Forrein sont très nombreux et souvent très différents ; comme, quelques objets de dévotion, occasionnent une crainte, ou une superstition, et un repentir dans l'esprit ; et l'esprit occasionne les parties sensibles à plusieurs actions, comme prier, reconnaître les fautes, demander pardon, faire des vœux, implorer la miséricorde, etc., en paroles : aussi, le corps s'incline, les genoux se plient, les yeux pleurent, les mains tenir bon, et bien d'autres actions dévotes semblables. D'autres sortes d'Objets occasionnent de la pitié et de la compassion dans l'Esprit, ce qui amène les Parties Sensibles à soigner les malades, à soulager les pauvres, à aider les affligés, et bien d'autres actions de Compassion. D'autres sortes d'Objets Forrein rendent l'Esprit Rationnel ennuyeux et mélancolique ; et puis les Parties Sensibles sont ternes, ne faisant aucune variété d'Appétits, ou ne regardant pas les Objets Forrein. D'autres sortes d'Objets font que l'Esprit est vain et ambitieux, et souvent orgueilleux ; et ceux-ci occasionnent aux Actions Sensibles d'être aventureuses et audacieuses ; le Visage du visage, méprisant; le costume du corps, majestueux ; les Mots, se vanter, se vanter ou se vanter. D'autres Objets rendent l'Esprit furieux ; et ensuite les Actions Sensibles sont, les Mots Injurieux, les Visages Froncés, le piétinement des Jambes, le combat des Mains et des Bras, et tout le Corps dans une posture furieuse. D'autres sortes d'Objets occasionnent l'Esprit à un Amour passionné ; et puis les Actions Sensibles sont, Flatter, Professer, Protester en paroles, le Visage souriant, les Yeux brillants ; aussi, le corps s'incline, les jambes grattent, la bouche embrasse: aussi, les mains raccommodent leurs vêtements et font beaucoup d'actions amoureuses similaires. D'autres objets amènent l'esprit à la vaillance ; puis les Actions Sensibles sont, Oser, Encourager ou Animer. D'autres objets amènent l'esprit à l'allégresse ou à la gaieté ; et ils occasionnent les actions sensibles de la voix, chanter ou rire ; les mots pour plaisanter, les mains pour jouer, les jambes pour danser. D'autres sortes d'Objets obligent l'Esprit à être Prudent ; puis les Actions Sensibles, sont

Économes ou Frugales. D'autres sortes d'objets font que l'esprit est envieux ou malicieux ; puis les actions sensibles sont espiègles. Il y a un grand nombre d'actions occasionnelles, mais elles sont suffisantes pour prouver *que le sens et la raison comprennent les actions ou les desseins de l'autre* .

TYPE. VIII. De l'avantage et de l'inconvénient des rencontres de plusieurs créatures.

Il y a une forte Sympathie entre les Parties Rationnelle et Sensible, dans une seule et même Société, ou Créature : non seulement pour leur Consistance, Subsistance, Usage, Aisance, Plaisir et Délice ; mais, pour leur sécurité, leur garde et leur défense: comme par exemple, lorsqu'une créature en attaque une autre, alors toutes les puissances, facultés, propriétés, ingéniosités, agilités, proportions et forme des parties de l'assailli, s'unissent contre l'agresseur , dans la défense de chaque Partie particulière de toute leur Société ; dans laquelle Rencontre, le Rationnel conseille, et le Sensible travaille. Mais ceci est à noter concernant l'avantage et le désavantage dans de telles rencontres, que certaines sortes de créatures ont leur avantage dans la forme extérieure, d'autres simplement dans le nombre de parties ; d'autres par l'agilité de leurs parties, et quelques-unes par l'ingéniosité de leurs parties : mais, pour la plupart, le plus grand nombre a avantage sur le moins, si le plus grand nombre de parties est aussi régulier et aussi ingénieux que le moins grand nombre. : mais, si le plus petit nombre est plus régulier et plus ingénieux que le plus grand, alors c'est cent contre un, mais le plus petit nombre de parties a l'avantage.

TYPE. IX. Que toutes les créatures humaines ont les mêmes sortes et sortes de propriétés.

Toutes les créatures humaines ont les mêmes sortes et sortes de propriétés, de facultés, de respirations et de perceptions ; à moins que certaines irrégularités dans la production n'occasionnent des imperfections ou des malheurs à un certain moment de son âge: pourtant, aucun homme ne sait ce qu'un autre homme perçoit, mais par conjecture ou information du parti: mais, comme je l'ai dit, s'ils n'ont pas d'Imperfections, toutes les Créatures Humaines ont des Propriétés, des Facultés et des Perceptions semblables : Comme par exemple, Tous les Yeux Humains peuvent voir un seul et même Objet ; ou entendre le même air, ou son ; et ainsi du reste des Sens. Ils ont aussi des respirations, des digestions, des appétits semblables ; et la même chose peut être dite de toutes les propriétés appartenant à une créature humaine. Mais, comme une créature humaine ne sait pas ce qu'une autre créature humaine sait, mais par confédération ; ainsi, aucune partie du corps ou de l'esprit d'un homme ne connaît la connaissance perceptive de chaque partie, mais par confédération : de sorte qu'il y a autant d'ignorance parmi les parties de la nature que de connaissance. Mais ceci est à noter, qu'il y a plusieurs manières et manières d'intelligences, non seulement entre plusieurs sortes de créatures, ou parmi des particuliers d'une sorte de créatures ; mais, parmi les diverses parties d'une seule et même créature.

TYPE. X. De l'irrégularité du sensible et des mouvements corporels rationnels.

Comme je l'ai souvent mentionné, et je le répète encore ici, que les parties rationnelles et sensibles d'une société, ou créature, comprennent, comme percevant les parties automotrices de l'autre ; et la preuve en est que quelquefois le sens humain est régulier et la raison humaine irrégulière ; et quelquefois la Raison régulière, et le Sens irrégulier : mais, dans ces différences, les Parties Régulières s'efforcent de réformer l'Irrégulier ; ce qui cause, plusieurs fois, des répétitions d'une seule et même Actions, et Examens ; comme, parfois la Raison examine le Sens; et parfois le Sens, la Raison : et parfois le Sens et la Raison examinent l'Objet ; car, parfois, un Objet trompera à la fois le Sens et la Raison ; et parfois le sens et la raison ne se trompent qu'en partie : comme par exemple, l'extrémité d'un bâton, par un rapide mouvement circulaire extérieur, apparaît un cercle de feu, dans lequel ils ne sont pas trompés : car, par le mouvement extérieur, le l'extrémité tirée est un cercle ; mais ils se trompent en concevant l'action figurative extérieure comme la figure naturelle propre : mais quand un homme en confond un autre, c'est une petite erreur, à la fois du sens et de la raison. Aussi, lorsqu'un homme ne peut pas facilement se souvenir d'un autre homme, avec qui il avait autrefois été mis au courant, c'est une erreur ; et de si petites Erreurs, le Sens et la Raison les rectifient bientôt : mais dans les causes de grandes Irrégularités, comme dans la Folie, la Maladie, etc., il y a une grande agitation parmi les Parties d'une Créature Humaine ; de sorte que ces perturbations provoquent des peurs inutiles, du chagrin, de la colère et d'étranges imaginations.

TYPE. XI. De la connaissance entre les organes sensibles d'une créature humaine.

Les Organes Sensibles ne s'ignorent que les uns les autres, comme ils le sont des Objets Forrein : car, comme toutes les Parties des Objets Forrein, ne sont pas soumises à un Organe Sensible ; ainsi tous les Organes Sensibles ne sont pas soumis à chaque Organe Sensible d'une Créature Humaine : pourtant, dans les Actions perceptives des Objets Forrein, ils s'accordent tellement, qu'ils font une Connaissance unie : Ainsi nous pouvons être particulièrement ignorants d'une certaine façon, et pourtant avoir une connaissance générale d'une autre manière.

TYPE. XII. De la perception humaine ou des défauts d'une créature humaine.

Ce n'est pas la grande quantité de cerveau qui rend un homme sage ; ni une petite quantité, qui rend un homme insensé : mais, les mouvements corporels rationnels irréguliers ou réguliers de la tête, du cœur et du reste des parties, qui causent des compréhensions ternes, des souvenirs courts, des jugements faibles, des passions violentes, des imaginations extravagantes. , fantaisies sauvages, etc. La même chose doit être dite des mouvements corporels irréguliers sensibles, qui font de la faiblesse, de la douleur, de la maladie, des appétits désordonnés, des perceptions perturbées, etc. : car, la nature posant ses actions par des contraires, il doit y avoir des irrégularités, aussi bien que des régularités. ; ce qui est la cause que rarement une créature est aussi exacte, mais il y a une exception. Mais, lorsque les mouvements corporels sensibles et rationnels sont réguliers et se meuvent par sympathie, alors le corps est sain et fort, l'esprit en paix et tranquille, comprend bien et est judicieux : et, en bref, il y a des perceptions parfaites, des digestions appropriées. , Respirations faciles, Passions régulières, Appétits tempérés. Mais quand les mouvements corporels rationnels sont curieux dans leur changement d'actions, il y a des conceptions subtiles et des fantaisies élevées : et quand les mouvements corporels sensibles se meuvent avec curiosité, (si je puis dire), alors il y a des sens parfaits, des proportions exactes, des tempéraments égaux. ; et cela, l'Homme l'appelle *Beauté*.

TYPE. XIII. Des imbéciles naturels.

Il y a une grande différence entre un imbécile naturel et un homme fou : car la folie est une maladie, mais un imbécile naturel est un défaut ; quel défaut était une erreur dans sa production, c'est-à-dire dans la forme et le cadre soit de l'esprit, soit du sens, soit des deux ; car, le sens peut être un imbécile naturel aussi bien que la raison ; comme on peut l'observer chez ces sortes de Fous qu'on nomme *Changelings* , dont le Corps est non seulement difforme, mais toutes les Postures du Corps sont défectueuses, et paraissent comme autant de fous : mais quelquefois, seules quelques Parties sont folles ; comme par exemple; Si un homme naît aveugle, alors seuls ses yeux sont fous ; s'il est Sourd, alors seules ses Oreilles sont des Fous, ce qui occasionne son mutisme ; Les oreilles étant les parties informatrices, pour parler ; et voulant ces informations, il ne peut pas parler une langue. Aussi, si un

Homme est né boiteux, ses Jambes sont des imbéciles ; c'est-à-dire que ces Parties n'ont aucune connaissance de telles Propriétés qui appartiennent à ces Parties ; mais les Parties Sensibles peuvent être sages, comme étant connaissantes ; et les pièces rationnelles peuvent être défectueuses ; quels Défauts, l'Homme nomme *Irrationnels*. Mais ceci est à noter, qu'il peut y avoir des imbéciles naturels et accidentels, par des frayeurs extraordinaires, ou par une maladie extraordinaire, ou par les défauts de la vieillesse. Quant aux erreurs de production, elles sont incurables ; comme aussi, ceux de la Vieillesse ; le premier étant une erreur dans la fondation même, et l'autre une décomposition de toute la charpente de l'édifice : car, après qu'une créature humaine est amenée à cette perfection, pour être, pour ainsi dire, à pleine croissance et pleine force, dans la fleur de l'âge; les Mouvements Humains et la Nature même de l'Homme, après ce temps, commencent à décliner ; car alors les Mouvements Humains commencent à aller plutôt vers la dissolution que vers la continuation ; bien que certains hommes durent jusqu'à un âge très avancé, c'est pour cette raison que l'unité de leur société est régulière et ordonnée, et se déplace si sympathiquement, qu'elle ne commet que peu ou pas de désordres ou d'irrégularités ; et ces vieillards sont, pour la plupart, sains et très sages, grâce à une longue expérience ; et leur société ayant pris l'habitude de la régularité, n'est pas susceptible d' être dérangée par Forrein Parts. Mais ceci est à noter, que parfois le corps sensible dépérit avant l'esprit rationnel ; et parfois l'Esprit Rationnel, avant le Corps Sensible. Aussi, ceci est à noter, Que lorsque le Corps est défectueux, mais pas l'Esprit ;

Page 87

alors l'Esprit est très industrieux pour trouver des Inventions d'Art, pour aider les Défauts qui sont naturels. Mais je vous prie de ne pas me tromper ; car je ne dis pas que *toutes* les difformités ou défauts, mais seulement *certaines* sortes particulières de difformités ou de défauts, sont insensées.

LA SEPTIÈME PARTIE.

TYPE. I. Des actions sensibles du sommeil et de la veille.

Les mouvements figuratifs corporels sensitifs et rationnels sont la cause de variétés infinies : car quoique les répétitions ne fassent pas de variétés ; pourtant, chaque action altérée est une variété : De même, différentes Actions produisent des Effets différents ; Actions opposées, Effets opposés ; non seulement des actions de plusieurs parties automotrices, ou mouvements corporels, mais des mêmes parties : comme par exemple, les mêmes parties, ou mouvements corporels, peuvent se déplacer de cela, l'homme nomme la vie, à ce que l'homme nomme *la* mort . ; ou, de la santé à la maladie, de la facilité à la douleur, de la mémoire à l'oubli, de l'oubli au souvenir, de l'amour à la haine, du chagrin à la joie, de l'irrégularité à la régularité ; ou, de la régularité à l'irrégularité, et ainsi de suite ; et d'une perception à l'autre : car, bien que toutes les actions soient perceptives, il y a pourtant plusieurs sortes, plusieurs sortes, et plusieurs perceptions particulières : Mais, parmi les divers mouvements corporels du genre animal ou humain, il y a les mouvements opposés de ce qui nous nommons *veille* et *sommeil* ; la différence est que les actions de veille sont, le plus souvent, des actions d'imitation, surtout des parties sensibles ; et sont plus les actions extérieures que les actions intérieures d'une créature humaine. Mais, les actions du Sommeil, sont les altérations des Mouvements Corporels Extérieurs, se déplaçant plus intérieurement, pour ainsi dire vers l'intérieur, et volontairement. Objet extérieur : mais, dans les actions de sommeil, ils se déplacent par cœur, ou sans exemples ; aussi, comme je l'ai dit, ils bougent, pour ainsi dire, vers l'intérieur ; comme un homme devrait se tourner vers l'intérieur ou vers l'extérieur d'une porte, sans s'éloigner de la porte, ou hors de l'endroit où il se tenait.

TYPE. II. De DORMIR.

Bien que les mouvements corporels rationnels et sensitifs ne puissent jamais être fatigués, ou las de se mouvoir ou d'agir, par la raison il est de leur nature d'être un mouvement corporel perpétuel ; pourtant ils peuvent être fatigués ou fatigués par des actions particulières. En outre, il est plus facile et plus agréable de se déplacer par rotation que de prendre des copies ou des modèles ; c'est pourquoi le sommeil est facile et doux, si les mouvements corporels sont réguliers ; mais s'ils sont irréguliers, le sommeil est troublé. Mais ceci est à noter, Que les Mouvements Corporels se plaisent si bien dans les variétés, que, plusieurs fois, des Objets nombreux et variés causeront les Mouvements Corporels Sensibles et Rationnels chez un Homme, à retarder leurs actions de Sommeil ; et, souvent, le manque de variété d'objets forrein ou extérieurs, occasionnera l'action du sommeil ; ou bien méditer et contempler des actions. En outre, il est à noter que si certaines parties du corps ou de l'esprit sont altérées par des irrégularités, cela occasionne de telles perturbations au tout, qu'elles entravent ce repos ; mais si les parties régulières s'efforcent de ne pas être dérangées par l'irrégulier ; et les Irréguliers dérangent les Réguliers ; puis il occasionne ce que l'Homme nomme, *Demi-sommeil* , ou *Sommeil* , ou *Somnolence* . Et si les mouvements corporels réguliers deviennent

mieux, (comme ils le font souvent) alors nous disons : le sommeil a été l'occasion de la guérison ; et cela le prouve souvent. Et c'est un dicton commun, *Qu'un bon Sommeil apaise les Esprits* , ou soulage les Douleurs ; c'est-à-dire lorsque les mouvements corporels réguliers ont eu raison des mouvements irréguliers.

TYPE. III. Des RÊVES Humains.

Il existe plusieurs sortes, sortes et particularités d'irrégularités corporelles, ainsi que de régularités ; et parmi les genres, sortes et particularités infinis, il y a celui des Rêves Humains ; car, les mouvements corporels extérieurs dans les actions de veille, copient ou modèlent les objets extérieurs ; tandis que, dans les actions du Sommeil, ils agissent par cœur, ce qui, pour la plupart, est erroné, faisant des Figures mixtes de plusieurs Objets ; comme, en partie comme une bête ; et en partie, comme un oiseau ou un poisson ; voire, parfois, en partie comme un animal, et en partie comme un légume ; et des millions d'extravagances similaires ; pourtant, bien des fois, les Rêves seront aussi exacts que si un Homme était éveillé, et les Objets devant lui ; mais, ces actions par cœur, sont plus souvent fausses que vraies : mais, si les Parties Automotrices se meuvent d'après leurs propres inventions, et non d'après la manière de Copier ; ou, s'ils ne se déplacent pas selon la manière de la perception humaine, alors un homme est aussi ignorant de

ses Rêves, ou toute Perception Humaine, comme s'il était dans une Swound; et puis il dit qu'il n'a pas rêvé ; et que de tels sommeils sont comme la mort.

TYPE. IV. Des Actions de DREAMS.

Lorsque les figures de ces amis et connaissances qui sont morts depuis longtemps sont faites dans notre sommeil, nous ne remettons jamais en question, ou rarement, la vérité de leur vie, bien que nous leur demandions souvent comment ils sont devenus vivants : et la raison que nous ne doutons pas qu'ils soient vivants, c'est que ces mouvements corporels du sommeil forment le même modèle de cet objet dans le sommeil que lorsque cet objet était présent et éveillé ; de même que l'image dans le sommeil semble être l'original éveillé : et jusqu'à ce que les mouvements corporels changent leurs actions de sommeil en actions de veille, la vérité n'est pas connue. Bien que Dormir et Rêver, est un peu à la manière de l'Oubli et du Souvenir ; pourtant, les Rêves parfaits sont aussi perceptifs que les schémas d'Eveil des Objets présents ; ce qui prouve que les deux mouvements sensibles et rationnels ont des actions dormantes ; mais les Actions Corporelles Sensibles et Rationnelles dans le Sommeil, se déplaçant en partie par cœur, et en partie volontairement, ou par invention, font Marcher-Bois, ou Hommes des Bois ; ou faites des guerres et des batailles, où certaines figures d'hommes sont tuées ou blessées, d'autres ont la victoire : elles font aussi des voleurs, des meurtriers, des maisons qui tombent, de grands incendies, des inondations, des tempêtes, de hautes montagnes, de grands précipices ; et parfois d'agréables Rêves d'Amoureux, de Mariage, de Danse, de Banquet, etc. Et les Passions dans les Rêves sont aussi réelles que dans les actions éveillées.

TYPE. V. Que les parties intérieures d'une créature humaine dorment.

Les parties de mon esprit étaient en litige, si les parties intérieures d'une créature humaine avaient des actions de sommeil et de veille ? La partie majeure était d'avis que le sommeil n'était pas propre à ces parties humaines, parce que les mouvements intérieurs n'étaient pas comme l'extérieur. L'opinion de la partie mineure était que le changement d'action est comme la facilité après le travail ; et donc il était probable que les parties intérieures avaient des actions de sommeil et de veille. L'opinion des parties majeures était que si ces parties, comme aussi la nourriture reçue dans le corps, avaient des actions de sommeil, le corps ne pourrait pas être nourri ; car, la viande ne serait pas digérée dans les mêmes parties du corps, car les actions de sommeil n'étaient pas de telles sortes d'actions. L'opinion des parties mineures était que le sommeil

les actions étaient des actions nourricières, et par conséquent convenaient le mieux aux Parties Intérieures ; et, pour preuve, le corps humain tout entier s'évanouit et s'affaiblit, lorsqu'il est empêché, soit par quelque irrégularité intérieure, soit par quelque occasion extérieure, de ses actions endormies. L'opinion de la majeure partie était que les actions de sommeil sont des actions par cœur, et non des actions altératrices telles que les actions de digestion et les actions de nutrition, qui sont des actions d'union. En outre, que la raison pour laquelle les actions intérieures ne sont pas des actions de sommeil, c'est que lorsque les parties extérieures se meuvent dans les actions de sommeil, les parties intérieures se meuvent quand les parties extérieures sont éveillées ; comme on peut l'observer par le pouls humain et la respiration humaine ; et par beaucoup d'autres observations qui peuvent être apportées.

TYPE. VI. Si toutes les créatures de la nature ont des actions de sommeil et de veille.

Certains peuvent poser cette question, *si toutes les créatures ont des actions endormies ?* Je réponds que, bien que les actions de sommeil soient propres aux créatures humaines, comme aussi à la plupart des créatures animales ; pourtant, de telles actions peuvent ne pas être propres à d'autres espèces et sortes de créatures : et si (comme c'est probablement le cas) que les parties extérieures d'une créature humaine n'ont pas de telles actions endormies, il est probable que d'autres espèces et espèces des créatures ne bougent pas à tout moment, dans de telles sortes d'actions. Mais certains peuvent dire *que si la nature est possédée, toutes les créatures doivent avoir des actions de sommeil, ainsi que des actions de veille* . Je réponds que, bien que les actions de la nature soient posées, cela n'empêche pas la variété des actions de la nature, de manière à lier la nature à des actions particulières. Comme par exemple, les parties extérieures des animaux ont à la fois des actions de sommeil et de veille ; cependant cela ne prouve pas que, par conséquent, toutes les parties ou créatures de la nature doivent avoir des actions de sommeil et de veille. La même chose peut être dite de toutes les actions d'une créature animale ou d'une créature humaine ; non, de toutes les créatures du monde : car plusieurs espèces et sortes de créatures ont plusieurs espèces et sortes de propriétés. les Parties, ou plusieurs espèces et sortes de Créatures là-bas, ont des propriétés et des actions différentes de celles de ce Monde ; de sorte que bien que les actions de la nature soient posées et équilibrées, elles sont cependant posées et équilibrées de différentes manières.

TYPE. VII. De la mort humaine.

La mort n'est pas seulement une altération générale des mouvements sensibles et rationnels, mais une dissolution générale de leur société. Et comme il y a des degrés de Temps dans les Productions, il en est de même dans les Dissolutions. Et comme il y a des degrés à la perfection, comme de l'enfance à l'âge adulte ; il y a donc des degrés de la virilité à la vieillesse. Mais, comme je l'ai dit, *la Mort* est une Dissolution générale, qui fait qu'une Créature Humaine n'est plus : pourtant, certaines Parties ne se dissolvent pas aussi vite que d'autres ; comme par exemple, Human Bones; mais, bien que la Forme ou la Structure des Os ne soit pas dissoute ; pourtant les Propriétés : de ces Os sont altérées. Il en va de même lorsqu'une créature humaine est empêchée par l'art de se dissoudre, afin que la forme, ou le cadre, ou la forme puisse continuer ; mais toutes les propriétés sont bien altérées ; bien que la forme extérieure de ces corps ressemble un peu à un homme, cette forme n'est pas un homme.

TYPE. VIII. De la chaleur de la vie humaine et du froid de la mort humaine.

Il n'y a pas seulement plusieurs sortes de Propriétés appartenant à plusieurs sortes de Créatures, mais plusieurs sortes de Propriétés appartenant à une seule et même sorte de Créature ; et parmi les diverses sortes de Propriétés Humaines, la Chaleur Humaine en est une, que l'Homme nomme *Chaleur Naturelle* : mais, lorsqu'il y a une altération générale des Propriétés Humaines, il y a cette altération de la Propriété aussi bien de sa Chaleur Naturelle que de la Chaleur Humaine : mais, la Chaleur Naturelle n'est pas la cause de la Vie Humaine, bien que la Vie Humaine soit la cause de cette Chaleur Naturelle : de sorte que, quand la Vie Humaine est altérée ou dissoute, la Chaleur Humaine est altérée ou dissoute : Et comme la Mort est des Actions opposées à cet Homme noms *Vie* ; ainsi le Froid est l'opposé des Actions à ce que l'Homme nomme *la Chaleur*.

TYPE. IX. Du dernier acte de la vie humaine.

La raison pour laquelle certaines créatures humaines meurent plus de douleur que d'autres, c'est que les mouvements de certaines créatures humaines sont en conflit, parce que certaines continueraient leurs actions habituelles, d'autres modifieraient leurs actions habituelles ; lequel Dispute cause des Irrégularités, et ces Irrégularités causent des Différences, ou des Difficultés, qui causent de la Douleur : mais certainement, le dernier Acte de la Vie Humaine est facile ; non-seulement que les actions expulsives des respirations humaines sont plus faciles que les actions attractives ; mais que, dans le dernier acte de la vie humaine, tous les mouvements s'accordent généralement en une seule action.

TYPE. X. Une créature humaine a-t-elle connaissance de la mort ou non ?

Certains peuvent poser la question : *un homme mort a-t-il une connaissance ou une perception ?* Je réponds qu'un homme mort n'a pas de connaissance ou de perception humaines ; pourtant tout, et chaque Partie, a la Connaissance et la Perception. Mais, parce qu'il y a une altération générale des actions des Parties d'une Créature Humaine, il est impossible qu'il y ait une Connaissance ou une Perception Humaine. Mais certains peuvent dire qu'un homme dans une mare a une altération générale des actions humaines ; et pourtant ces Parties d'une Créature Humaine répètent souvent ces actions antérieures, et alors un Homme est tel qu'il était avant d'être dans ce Swound. Je réponds que la raison pour laquelle un homme dans un Swound n'a pas la même connaissance que lorsqu'il n'est pas dans un Swound, c'est que les mouvements humains ne sont pas généralement altérés, mais seulement sont généralement irréguliers ; ce qui fait une telle perturbation, qu'aucune partie ne peut se mouvoir assez régulièrement, pour faire des perceptions appropriées ; comme dans certaines sortes de Distempers, un homme peut ressembler à un imbécile naturel ; dans d'autres, il peut être fou ; et est sujet à beaucoup de Distempers, qui causent plusieurs Effets : mais un Swound Humain est un peu comme Dormir sans Rêver ; c'est-à-dire que les sens extérieurs ne se déplacent pas vers la perception extérieure humaine.

TYPE. XI. Si une créature peut être nouvellement formée, après une dissolution générale.

Certains peuvent se demander *si une créature humaine, ou toute autre créature, après que ses propriétés naturelles sont tout à fait altérées, peut être répétée et remplacée par ces propriétés qui l'étaient auparavant ?*

Je réponds Oui, au cas où aucune des Parties Figuratives Fondamentales ne serait dissoute.

Mais certains peuvent demander, *Que si ces Parties dissoutes étaient si enfermées dans d'autres Corps, qu'aucune d'entre elles ne pourrait facilement se disperser ou errer ; s'ils ne pourraient pas reprendre la même forme et la même figure, et avoir les mêmes propriétés ?*

Je réponds, je ne sais pas bien comment juger ; mais je suis d'avis qu'ils ne le peuvent pas: car c'est la propriété de toutes ces productions d'être exécutées par degrés, et qu'il devrait y avoir une division et une union des parties, comme un rapport des parties domestiques et étrangères; et ainsi il est requis toutes les mêmes parties, et chaque partie de la même société, ou qui a eu des actions adjacentes avec cette créature particulière ; comme toutes ces parties, ou mouvements corporels, qui avaient existé depuis le premier temps de la production jusqu'au dernier de la dissolution ; et cela ne pourrait se faire sans une Confusion dans la Nature.

Mais certains peuvent dire *que bien que la même créature ne puisse pas être produite de la même manière, ni revenir au degré de son enfance, et passer les degrés de son enfance à un certain degré d'âge ; pourtant, ces parties qui sont ensemble, pourraient-elles tellement se réjouir et bouger, de la même manière, qu'elles seraient la même créature qu'elle était avant sa dissolution ?*

Je réponds que ce n'est peut-être pas impossible ; mais cependant, il est très improbable que de si nombreuses sortes de mouvements, après une altération si générale, s'accordent si généralement dans une action contre nature.

TYPE. XII. De PRECONNAISSANCE.

J'ai eu des disputes entre les parties de mon esprit, *si la nature a la prescience ?* L'opinion des parties mineures était que la nature avait la prescience, par la raison que tout ce qui était matériel faisait partie d'elle-même ; et ces parties du Soi ayant le mouvement du Soi, elle pourrait savoir d'avance ce qu'elle agirait, et donc ce qu'elles devraient savoir. L'opinion des parties majeures était que, parce que chaque partie avait un mouvement propre et un libre arbitre naturel, la nature ne pouvait pas savoir à l'avance comment elles se déplaceraient, bien qu'elle puisse savoir comment elles se sont déplacées ou comment elles se déplacent.

Après la fin de ce différend, il y a eu un différend, *si les parties particulières avaient une connaissance anticipée de la connaissance de soi ?* L'opinion des parties mineures était que, puisque chaque partie de la nature avait le mouvement propre et le libre arbitre naturel, chaque partie pouvait savoir comment elle devait se mouvoir, et donc ce qu'elle devait savoir. L'opinion des parties majeures était que, premièrement, la connaissance de soi s'est modifiée selon l'action de soi, parmi les parties automotrices : mais, la connaissance de soi des parties inanimées, s'est modifiée selon les actions des parties sensibles. Pièces automobiles ; et les actions perceptives des parties automotrices étaient conformes à la forme et aux actions des objets, de sorte que la prescience des parties étrangères, ou des créatures, ne pouvait pas être : Et pour la prescience de la connaissance de soi des parties automotrices, il y avait tant d'actions occasionnelles, qu'il était impossible que les Parties Automotrices sachent comment elles devaient se mouvoir, par la raison qu'aucune Partie n'avait un Pouvoir Absolu, bien qu'elles fussent Automotrices, et aient un Libre Arbitre naturel : ce qui prouve , que les prophéties sont un peu de la nature des rêves, dont certaines peuvent s'avérer vraies par hasard ; mais, pour la plupart, ils sont faux.

LA HUITIÈME PARTIÉ.

TYPE. I. De l'irrégularité des parties de la nature.

Certains peuvent poser cette question, que *si la nature se mouvait d'elle-même et avait le libre arbitre, il est probable qu'elle ne bougerait jamais ses parties si irrégulièrement qu'elle se ferait de la peine.*

Je réponds d'abord que les parties de la nature se meuvent elles-mêmes et ne sont mues par aucun agent. Deuxièmement, bien que les parties de la nature se meuvent d'elles-mêmes et se connaissent elles-mêmes, elles n'ont cependant pas un pouvoir infini ou incontrôlable ; car plusieurs Parties et Partis s'opposent et souvent s'obstruent; de sorte qu'ils sont souvent obligés de déménager, et ils peuvent ne pas le faire quand ils le feraient. Troisièmement, certaines parties peuvent rendre d'autres parties irrégulières et se maintenir dans une posture régulière. Enfin, les actions fondamentales de la nature sont tellement posées que les actions irrégulières sont aussi naturelles que les actions régulières.

TYPE. II. Des parties humaines d'une créature humaine.

La forme des parties extérieures et intérieures de l'homme est si différente et si nombreuse ; que je ne puis les décrire, par raison que je ne suis pas si savant à les connaître : Mais, quelques parties d'une créature humaine, l'homme les nomme *vitales* ; parce que la moindre perturbation de l'une de ces parties met en danger la vie humaine : et si l'une de ces parties vitales est diminuée, je doute qu'elle puisse être restaurée ; mais si certaines de ces parties peuvent être restaurées, je doute que toutes ne le puissent pas. Les parties vitales sont le cœur, le foie, les poumons, l'estomac, les reins, la vessie, la Gaule, les tripes, le cerveau, les humeurs radicales ou les esprits vitaux ; et d'autres que je ne connais pas. Mais ceci est à noter, Que l'Homme est composé de Parties Rares et Solides, dont il y a plus et moins Solides, plus et moins Rares ; comme aussi, différentes sortes de solides, et différentes sortes de rares : aussi, différentes sortes de pièces molles et dures ; de même, de Fixt et Loose Parts ; aussi, des parties rapides et lentes. Je veux dire par Fixt, ceux qui sont plus solidement unis.

TYPE. III. Des Humeurs Humaines.

Les humeurs sont de telles parties, que certaines d'entre elles peuvent être séparées de tout le corps, sans danger pour tout le corps ; de sorte qu'elles ressemblent un peu aux parties excrémentielles, lesquelles parties excrémentielles sont les parties superflues : car, bien que les humeurs soient si nécessaires, le corps ne pourrait pas bien subsister sans elles ; pourtant, une superfluité d'entre eux est aussi dangereuse (sinon plus) qu'une rareté. Mais il existe de nombreuses sortes d'humeurs appartenant à une créature humaine, bien que l'homme n'en nomme que quatre, selon les quatre éléments, *à savoir. Flegm, Choler, Melancholy* et *Blood* : mais, à mon avis, il n'y a pas seulement plusieurs sortes de *Choler, Flegm, Melancholy* et *Blood* ; mais d'autres sortes qui ne sont aucune de ces Quatre.

TYPE. IV. De sang.

J'ai entendu dire que les opinions des hommes les plus savants sont que toutes les créatures animales ont du sang, ou du moins de tels jus qui tiennent lieu de sang; lequel Sang, ou Juyces, se meut circulairement : pour ma part, je suis trop ignorant pour disputer avec les Savants ; mais pourtant je suis convaincu qu'un *papillon de nuit* (qui est une sorte de ver ou de mouche qui mange du tissu) n'a pas de sang, non, ni de Juyce; car, dès qu'on le touche, il se dissout directement en une poussière sèche, ou comme de la cendre. Et il y a beaucoup d'autres Animaux, ou Insectes, qui n'ont aucune apparence de Sang ; par conséquent, la vie d'un animal ne consiste pas en sang: et quant à la circulation du sang, il y a de nombreuses créatures animales qui n'ont pas de vaisseaux appropriés, comme les veines et les artères, ou de telles gouttières, pour que leur sang, ou Juyce, circule à travers. Mais, disons que le sang de l'homme, ou d'un animal semblable, circule ; alors il faut étudier, si les différentes parties du sang se mélangent les unes aux autres, pendant qu'il coule ; ou, s'il coule comme l'Eau semble le faire ; où les parties suivantes peuvent être aussi grandes étrangères aux parties principales, comme dans une foule de gens, où certains de ceux qui sont derrière ne connaissent pas ceux qui sont devant : mais, si le sang ne se mélange pas pendant qu'il coule, alors il être très difficile pour un Chyrurgion, ou Médecin, de trouver où coule le Sang malade : en outre, si le Sang coule continuellement, quand un Homme malade doit recevoir du sang, avant que la Veine ne soit ouverte, le mauvais Sang peut être passé par là. Partie, ou Veine, et ainsi seul le bon Sang sera libéré ; et alors l'Homme peut devenir pire que s'il n'avait pas reçu de sang.

TYPE. V. Des humeurs radicales ou parties.

Il y a de nombreuses parties dans un corps humain, qui sont comme la fondation d'une maison ; et étant la fondation, si l'une de ces parties est enlevée ou détériorée, la maison tombe immédiatement en ruine. Ces Parties Fondamentales, ce sont celles que nous nommons les *Parties Vitales* ; parmi lesquelles se trouvent ces parties que nous nommons les esprits *vitaux* et *radicaux* , qui sont l'huile et la flamme d'une créature humaine, faisant que le corps a ce que nous appelons une *chaleur naturelle* et une *humidité radicale* . Mais il faut noter que ces parties, ou mouvements corporels, ne sont pas comme l'huile grossière ou la flamme : car, je crois, il y a plus de différences entre ces flammes et les flammes ordinaires qu'entre la lumière du soleil et la Flamme d'une Bougie de Suif ; et autant de différence entre cet Oyl et l'Oyl gras qu'entre l'Essence la plus pure et le Lamp-Oyl. Mais ces parties vitales sont aussi nécessaires à la vie humaine que les parties vitales solides, à savoir. le cœur, le foie, les poumons, le cerveau, etc.

TYPE. VI. D'expulser les troubles malins chez une créature humaine.

L'expulsion de Poyson, ou de toute malignité dans le corps, se produit lorsque cette malignité n'a pas atteint ou n'est pas installée dans les parties vitales ; de sorte que les mouvements réguliers des parties vitales et des autres parties du corps s'efforcent de se défendre contre les malignités forrein ; ce qui, s'ils le font, alors les Mouvements Malins se dilatent vers les Parties Extérieures, et sortent de ces Passages Extérieurs, au moins, par certains ; comme, soit par la voie de la purge, du vomissement, de la transpiration ou de la transpiration, qui est une respiration à travers les pores, ou d'autres passages. De la même manière est l'expulsion des excès, ou superfluités des humeurs naturelles : mais, si la malignité ou l'excès, la superfluité ou les humeurs superflues, ont le meilleur, (comme je puis dire), alors ces mouvements irréguliers, par leurs perturbations, causent le Les mouvements réguliers doivent être irréguliers et suivre le mode ; c'est-à-dire imiter les Étrangers, ou les plus Puissants ; le plus fantastique ou le plus débauché : car il est souvent parmi les mouvements intérieurs du corps, comme dans les actions extérieures des hommes.

TYPE. VII. Des digestions et des évacuations humaines.

Il est impossible de traiter des diverses actions digestives particulières d'une créature humaine : car non seulement chaque partie de la nourriture a une manière différente d'action digestive ; mais, chaque action dans la Transpiration, est une sorte de Digestion et d'Évacuation. pourtant, chaque Particulier n'est pas si connu qu'il puisse être décrit. Mais ceci est à noter, qu'il n'y a pas de créature qui ait des mouvements digestifs, mais qui ait des mouvements d'évacuation ; quelles Actions, bien qu'elles ne soient que Divisantes et Unifiantes ; pourtant ce sont des manières et des manières si différentes de s'unir et de se diviser, que l'Homme le plus observateur ne peut les connaître particulièrement, et ainsi ne pas les exprimer : mais, les actions

Unifiantes, si régulières, sont les actions Nourrissantes ; les actions de division, si elles sont régulières, sont les actions de nettoyage : mais si elles sont irrégulières, les actions d'union sont les actions d'obstruction ; et les actions de division, les actions de destruction.

TYPE. VIII. Des MALADIES en général.

Il existe de nombreuses sortes de maladies humaines; pourtant, toutes sortes de maladies sont des mouvements corporels irréguliers ; mais chaque espèce de mouvement est d'une figure différente : de sorte que plusieurs maladies sont des mouvements figuratifs irréguliers différents ; et selon que les Mouvements Figuratifs varient, les Maladies varient également : mais, comme il y a des Maladies Humaines, il y a aussi des Défauts Humains ; lesquels Défauts (si ce sont ceux que l'Homme nomme *Naturels*) ne peuvent être corrigés par aucun Moyen Humain. En outre, il y a les déclins humains et la vieillesse; qui, bien qu'ils ne puissent être prévenus ou évités ; cependant, elles peuvent, par un bon ordre et de sages observations, être retardées : mais il n'y a pas seulement de nombreuses sortes de maladies, mais chaque particulière elle-même, et chaque sorte particulière, est plus ou moins différente ; de sorte qu'il est rare qu'une maladie d'une seule et même sorte soit identique, mais il y a quelques différences ; comme chez les hommes, qui, bien qu'ils soient tous d'une même sorte d'espèce animale, mais rarement deux hommes sont exactement pareils : et la même chose peut être dite des maladies du corps et de l'esprit ; comme par exemple concernant Irregular Minds, comme dans Mad-Men ; Bien que tous les Mad-Men soient fous, ils ne sont pas fous de la même façon ; bien qu'ils aient tous la maladie de la folie sensible ou rationnelle, ou qu'ils soient à la fois fous sensibles et rationnels. Aussi, ceci est à noter, Que comme plusieurs Maladies peuvent être produites par plusieurs Causes, ainsi plusieurs Maladies par une : Cause, et une Maladie par plusieurs Causes ; c'est pourquoi un médecin doit être un observateur et un praticien longs et subtils, avant de pouvoir arriver à cette expérience qui appartient à un bon médecin.

TYPE. IX. Des Maladies Fondamentales.

Il existe de nombreuses sortes de maladies auxquelles les créatures humaines sont sujettes ; et pourtant il n'y a que peu de maladies fondamentales ; quels sont ceux-ci comme suit ; Douleur, maladie, faiblesse, étourdissements, engourdissement, mort, folie, évanouissement et étourdissement ; dont l'une est particulière, les autres sont générales : la particulière est la maladie, à laquelle aucune partie du corps n'est sujette, mais l'estomac ; car, bien que n'importe quelle partie du corps puisse avoir de la douleur, de l'engourdissement, du vertige, de la faiblesse ou de la folie ; pourtant en aucune partie ne peut être ce que nous nommons Maladie, mais le Stomack. Quant au vertige, les effets sont généraux, comme on peut l'observer chez certains hommes ivres : car, souvent, la tête sera de bonne humeur, quand les jambes (je ne peux pas dire, sont étourdies, encore) seront tellement ivres, que ni aller ni rester debout; et plusieurs fois la langue sera tellement ivre qu'elle ne parlera pas franchement, alors que tout le reste du corps est de bonne humeur ; au moins si bien, qu'on ne les perçoit d'aucune façon, mais par le déclenchement de leur parole : mais, comme je l'ai dit, aucune partie n'est sujette à être malade, sauf l'estomac : et bien qu'il y ait de nombreuses sortes de douleurs auxquelles chaque La partie est sujette, et chaque partie a plusieurs parties; pourtant ils sont toujours de la douleur. Mais certains diront *qu'il y a aussi plusieurs sortes de maladies* . je l'accorde; mais cependant ces diverses sortes de maladies n'appartiennent qu'à l'estomac et à aucune autre partie du corps.

LA NEUVIÈME PARTIE.

TYPE. I. DE LA MALADIE.

Pour continuer aussi méthodiquement que possible, je traiterai des Maladies Fondamentales, et d'abord de la *Maladie* , parce que c'est la Maladie la plus particulière : car quoique, comme je l'ai dit, aucune partie d'une Créature Humaine ne soit sujette à cette Maladie. , (à savoir, *Maladie*) mais le Stomack; pourtant, il y a différentes sortes de maladies de l'estomac ; comme par exemple, certaines sortes de maladies sont comme le flux et le reflux de la mer : car les humeurs de l'estomac s'agitent de cette manière, comme, si les mouvements fluides coulent vers le haut, cela occasionne des vomissements ; si vers le bas, purge : si les humeurs se divisent, comme, en partie pour couler vers le haut, et en partie vers le bas, elles occasionnent à la fois des vomissements et des purges.

Mais la question est de *savoir si c'est le mouvement des humeurs qui fait que le Stomack est malade ; ou la maladie de l'estomac, qui fait couler les humeurs ?*

Je réponds : C'est probable, que quelquefois le flux des Humeurs rend le Stomack malade ; et parfois la maladie de l'estomac fait couler les humeurs ; et parfois le Stomack sera malade sans écoulement d'Humours, comme quand le Stomack est vide ; et parfois les humeurs couleront, sans aucune perturbation à l'estomac ; et parfois les Humeurs et le Stomack s'accordent ensemble dans les Irrégularités : mais, comme je l'ai dit, il y a plusieurs sortes de maladies du Stomack, ou du moins, cette maladie produit plusieurs sortes d'Effets ; comme, par exemple, certaines sortes de maladies occasionneront des sueurs faibles et froides ; quel mouvement malade ne coule pas vers le haut ou vers le bas des humeurs ; mais c'est une dilatation à froid, ou raréfaction, d'après une manière respiratoire ; expulsant également de ces parties raréfiées par les pores: D'autres sortes de mouvements des humeurs sont comme les mouvements de Boyling, à savoir. Mouvements bouillonnants ; ce qui occasionne des vapeurs fumantes ou aqueuses, pour monter à la tête; dont les vapeurs sont susceptibles d'obscurcir la perception de la vue. D'autres sortes de mouvements malades sont circulaires, et ceux-ci provoquent une nage ou un mouvement vertigineux dans la tête, et parfois un mouvement chancelant dans les jambes. D'autres sortes de mouvements malades sont occasionnés par

Humeurs dures et moites, dont le mouvement Humeurs, est un enroulement ou tournant de telle manière, qu'il ne s'éloigne pas de son centre; et jusqu'à ce que ces mouvements de rotation ou d'enroulement changent, ou que l'humeur soit chassée de l'estomac, le patient trouve peu ou pas de soulagement.

TYPE. II. De douleur.

Comme je l'ai dit, aucune partie n'est sujette à être malade, mais le Stomack ; mais chaque partie d'une créature humaine est sujette à la douleur; et non seulement ainsi, mais chaque Partie particulière est sujette à plusieurs sortes de Douleurs ; et chaque sorte de douleur a plusieurs mouvements figuratifs : mais pour connaître les différents mouvements figuratifs, il faudra une observation subtile : car, bien que ces parties douloureuses, connaissent leurs propres mouvements figuratifs ; pourtant, toute la créature (suppose *l'homme*) ne les connaît pas. Mais on peut observer, qu'ils soient causés par des contractions ou des attractions irrégulières, des dilatations ou des rétentions, des expulsions ou des pressions et des réactions irrégulières, ou des transformations irrégulières, ou similaires ; et par ces observations, on peut appliquer ou s'efforcer d'appliquer des remèdes convenables : mais toute douleur procède de mouvements irréguliers et perturbés.

TYPE. III. D'ETOURDISSEMENT.

Je ne peux pas dire que *le vertige* n'appartient qu'à la tête d'une créature animale, car nous pouvons observer, par des buveurs irréguliers, que parfois les pattes sembleront plus ivres que leurs têtes ; et parfois toutes les parties de leur corps sembleront être tempérées, comme étant régulières, mais seule la langue semble être ivre : car, chancelant des jambes, et un chancelant de la langue, ou similaire, dans une maladie de Carré ivre, est une sorte de vertige, bien qu'il ne soit pas du genre de celui qui appartient à la tête ; de sorte que, lorsqu'un homme est ivre mort, nous pouvons dire que chaque partie du corps est *ivre vertigineusement* . Mais ne me méprenez pas; car je ne veux pas dire que toutes sortes de vertiges proviennent du fait de boire ; Je n'apporte l'ivresse qu'à titre d'exemple : mais les effets du vertige de la tête et des autres parties du corps procèdent de différentes causes ; car, certains procèdent du Vent, pas du Vin ; d'autres de Vapeur ; certains de la perception d'un objet forrein ; et les numéros des exemples similaires peuvent être trouvés. Mais ceci est à noter, que toutes ces sortes de nages et de vertiges dans la tête sont produites à partir de mouvements figuratifs circulaires. Il faut également noter que, bien des fois, les mouvements corporels rationnels sont irréguliers avec le sensitif, mais pas toujours : car, parfois, dans ces maladies et autres semblables, le sensitif sera irrégulier et le rationnel régulier ; mais, pour la plupart, le Rationnel est si conforme au Sensible, qu'il est Régulier ou Irrégulier, comme l'est le Sensible.

TYPE. IV. Du Cerveau semblant tourner en rond dans la Tête.

Lorsque le cerveau humain semble se retourner, la cause en est que certaines vapeurs se meuvent selon une figure circulaire, ce qui donne le vertige à la tête ; comme lorsqu'un homme se retourne, non seulement sa tête aura le vertige, mais toutes les parties extérieures de son corps ; au point que certains, en se retournant souvent, tomberont ; mais si, avant de tomber, ils tournent dans le sens contraire, ils seront libérés de ce vertige : La raison en est qu'en tournant dans le sens contraire, le corps est ramené à la même position qu'il était auparavant ; De même, lorsqu'un homme a parcouru un certain chemin et revient par le même chemin, il retourne à l'endroit où il a commencé son voyage.

TYPE. V. De FAIBLESSE.

Il y a plusieurs sortes de *faiblesses* ; une certaine faiblesse provient de l'âge; d'autres, par manque de nourriture ; d'autres sont occasionnés par l'oppression ; d'autres, par des désordres et des irrégularités ; et tant d'autres sortes, qu'il serait trop fastidieux de les répéter, pourrais-je les connaître ? - Action dure ; comme, quand un homme a couru vite ou travaillé dur, il a le souffle court et épais ; et comme la plupart des actions sensibles se font par degrés, il en va de même pour le retour à la santé après une maladie : mais toutes les irrégularités sont laborieuses.

TYPE. VI. De SWOUNDING.

La cause pour laquelle un homme en *Swound*, est, pour un temps, comme s'il était mort; c'est-à-dire une Irrégularité parmi quelques-uns des Mouvements Corporels Intérieurs, qui cause une Irrégularité des Mouvements Corporels Extérieurs, et ainsi une Irrégularité générale ; qui est la cause qu'un homme apparaît comme s'il était mort.

Mais certains diront peut-être que *A Man in a Swound est dépourvu de tout mouvement*.

Je réponds : Cela ne peut pas être : car, si l'Homme était réellement mort, pourtant ses Parties se meuvent, bien qu'elles ne se meuvent pas selon la propriété ou la nature d'un Homme vivant : mais, si le Corps n'avait pas de Mouvements cohérents, et les Parties ne tenait pas, il se dissolvait en un instant ; et quand les parties se divisent, elles doivent se diviser par leur propre mouvement : mais, chez un homme dans une mare, certains de ses mouvements corporels ne sont modifiés que par la propriété et la nature d'un homme vivant ; Je dis, quelques-uns de ses Mouvements Corporels, pas tous : Ces Mouvements ne changent pas tout à fait de la nature d'un Homme vivant, comme le font les altérations des Mouvements Fondamentaux : mais ils sont tellement altérés, que le Langage peut être altéré. d, à savoir. De *l'hébreu* au *grec, latin, français, espagnol, anglais* et bien d'autres ; et bien qu'ils ne soient tous que des Langues, ils sont pourtant plusieurs Langues ou Discours ; ainsi l'altération des mouvements corporels d'un homme dans une mare n'est que l'altération d'une sorte de langage à un autre ; comme le dit le cas, *l'anglais* était la langue naturelle ou la parole, alors toutes les autres langues étaient inconnues de celui qui ne connaît rien d'autre que son naturel: Ainsi, un homme dans un Swound ignore ces mouvements dans le Swound: mais, lorsque ces mouvements reviennent à la nature d'un homme vivant, il a la même connaissance qu'il avait auparavant. Ainsi l'ignorance humaine et la connaissance humaine peuvent être occasionnées par les altérations des mouvements corporels.

La vérité est que Swounding et Revive, c'est comme l'oubli et le souvenir, c'est-à-dire l'altération et la répétition, ou l'échange des mêmes actions.

TYPE. VII. Des paralysies engourdies et mortes, ou Gangren's.

Quant aux *paralysies engourdies* et mortes, elles procèdent non seulement de mouvements désordonnés et irréguliers, mais de mouvements figuratifs qui sont tout à fait différents de la nature de la créature : car, bien qu'il soit naturel pour un homme de teindre ; pourtant les Mouvements Figuratifs de *la Mort* sont tout à fait différents des Mouvements Figuratifs de la Vie ; de même, par rapport à ce que l'homme nomme la vie, ce que l'homme nomme la mort n'est pas naturel : mais, comme il y a plusieurs sortes de cela, l'homme nomme *la vie* ou *les vies* ; ainsi il y a plusieurs sortes de ces mouvements corporels, l'homme nomme *la mort* : mais *les paralysies mortes* de quelques parties du corps d'un homme ne sont pas comme celles d'un homme quand il est, comme on dit, *tout à fait mort* ; car, ce ne sont pas seulement ces sortes de mouvements qui sont tout à fait, ou absolument différents de la vie de l'homme, ou de créatures semblables ; mais ceux qui dissolvent tout le cadre ou la figure de la créature. Mais les mouvements d'un *Palsie mort* ne sont pas des mouvements dissolvants, bien qu'ils soient différents des mouvements naturels vivants d'un homme. Les mêmes, d'une certaine manière, sont *des paralysies engourdies* ; seulement les mouvements des *paralysies engourdies* ne sont pas aussi absolument différents des mouvements vivants naturels ; mais ont plus d'irrégularités que d'altérations parfaites. Quant à ce type d'engourdissement que nous nommons *engourdissement somnolent* , il est occasionné par une obstruction qui entrave et arrête la perception sensible extérieure. Comme, quand les Yeux sont fermés, ou aveuglés, ou les Oreilles bouchées, ou les Narines; les Mouvements Figuratifs Sensibles de ces Organes Sensibles, ne peuvent pas faire des Perceptions d'Objets Forrein : ainsi, lorsque les Pores de la Chair, qui sont les Organes perceptifs des

Touches Forrein, sont stoppés, soit par des charges ou des pressions trop lourdes, soit en attachant certaines Parties ainsi dur, quant à fermer les Organes Extérieurs, (*c'est-à-dire* les Pores) ils ne peuvent pas faire de telles Perceptions qui appartiennent au Toucher : mais, quand ces obstacles sont enlevés, alors la Perception Sensible du Toucher, est, en peu de temps, aussi parfaite que avant.

Quant aux *gangrens* , bien qu'ils ressemblent un peu aux *paralysies mortes* , ils ressemblent davantage à ces sortes de mouvements corporels morts, qui dissolvent le cadre et la forme d'une créature : car les *gangrens* dissolvent le cadre et la forme de la partie malade ; et les semblables font tous ces mouvements corporels qui causent la pourriture, ou les parties se divisent et se séparent d'une manière pourrie.

TYPE. VIII. De FOLIE.

Il y a plusieurs sortes de cette détrempe nommée *folie* ; mais ils procèdent tous par les Irrégularités, soit des Parties Rationnelles, soit des Parties Sensibles ; et parfois des Irrégularités à la fois du Sens et de la Raison : mais ces Irrégularités ne sont pas telles qu'elles sont tout à fait différentes de la Nature ou de la Propriété d'une Créature Humaine, mais sont seulement des Irrégularités telles qu'elles font de fausses Perceptions d'Objets Forrein, ou bien font d'étranges Conceptions ; ou se déplacer à la manière des Rêves dans les actions de veille ; ce qui n'est pas d'après la Perception des Objets présents : Comme par exemple, Les Mouvements Sensibles des Parties Extérieures, faites plusieurs Tableaux à l'extérieur des Organes ; lorsqu'aucun objet de ce type n'est présent ; et c'est la raison pour laquelle les fous voient des vues étranges et inhabituelles, entendent des sons étranges et inhabituels, ont des goûts et des touchers étranges et inhabituels : mais, lorsque les irrégularités ne sont que parmi les parties rationnelles, alors ceux qui sont si malades ont de violentes passions. , conceptions étranges, fantaisies sauvages, opinions diverses, conceptions dangereuses, résolutions fortes, souvenirs brisés, souvenirs imparfaits, etc. Mais, lorsque le sensible et le rationnel sont sympathiquement désordonnés ; alors les fous parleront avec extravagance, ou riront, chanteront, soupiront, pleureront, trembleront, se plaindront, etc. sans motif.

TYPE. IX. Les parties sensibles et rationnelles peuvent être nettement folles.

Les sens peuvent être irrégulièrement fous, et non la raison ; et la Raison peut être irrégulièrement folle, et non le Sens ; et, à la fois le Sens et la Raison peuvent être tous deux sympathiquement fous. à leurs amis, comment certains de leurs sens sont détrempés, et comment ils voient des vues étranges et inhabituelles, entendent des sons inhabituels, sentent des senteurs inhabituelles, ressentent des touchers inhabituels et désirent un remède à leurs maladies. De plus, on peut observer que parfois les parties rationnelles sont follement détrempées, et non les parties sensibles ; comme quand les Parties Sensibles ne font pas de fausses Perceptions, mais seulement le Rationnel ; et alors seul l'Esprit est hors d'usage, et est extravagant, et non les Sens : mais, quand les Sens et la Raison sont follement Irréguliers, alors l'Homme malade est celui que nous nommons, Outrageusement *Fou* .

TYPE. X. Les parties de la tête ne sont pas seulement sujettes à la folie, mais aussi les autres parties du corps.

La folie n'est pas seulement dans la tête, mais dans d'autres parties du corps : comme par exemple, certains ressentiront des touches inhabituelles dans leurs mains, et plusieurs autres parties de leur corps. Nous pouvons également observer par les différentes et étranges postures des fous, que les différentes parties du corps sont follement détrempées. Et il est à noter, Que parfois certaines parties du corps sont folles, et pas l'autre ; comme, parfois seulement les Yeux, parfois seulement les Oreilles ; et ainsi du reste des Organes, et du reste des Parties du Corps ; une partie seulement étant folle, et le reste en bon ordre. De plus, il est à remarquer, Que les uns ne sont pas continuellement fous, mais seulement fous par accès, ou à certains moments ; et ces accès, ou certains moments de désordres, procèdent d'une coutume ou d'une habitude des mouvements rationnels ou sensibles, de se mouvoir irrégulièrement à ces moments-là ; et une preuve que toutes les parties sont sujettes à la détrempe de *la folie* , c'est que chaque partie du corps de ces sortes de fous qui croient que leur corps est en verre, se déplace dans un mouvement prudent et prudent, de peur de se casser en morceaux : Ni les Parties Extérieures ne sont sujettes qu'au Détrempe de la Folie, mais les Parties Intérieures ; comme on peut l'observer, lorsque tout le corps tremblera d'une peur folle, et que le cœur battra de manière désordonnée, et que l'estomac sera souvent malade.

TYPE. XI. Les parties rationnelles et sensibles d'une créature humaine sont susceptibles de se déranger.

Bien que les mouvements corporels rationnels et sensibles puissent être en désaccord et le soient parfois; pourtant, pour la plupart, il y a un accord si sympathique entre les mouvements corporels sensibles et rationnels d'une société, (c'est-à-dire d'une créature) qu'ils se dérangent souvent: comme par exemple, si les mouvements rationnels sont si irréguliers, quant à faire des

Craintes imaginaires, ou des Imaginations effrayantes, ces Imaginations effrayantes font mouvoir les mouvements Corporels Sensibles selon les Irrégularités du Rationnel ; qui est la cause, dans de telles peurs, qu'un homme semble voir des objets étranges et inhabituels, entendre des sons étranges et inhabituels, sentir des senteurs inhabituelles, ressentir des touchers inhabituels et être transporté dans des lieux inhabituels ; non qu'il y ait de tels objets, mais les sens irréguliers font de telles images dans les organes sensibles ; et le corps entier peut, par la force des mouvements irréguliers, se déplacer étrangement vers des endroits inhabituels : comme par exemple, un fou, dans une forte crise de folie, sera aussi fort que dix hommes ; tandis que, lorsque la crise folle est terminée, il semble plus faible que d'habitude, ou régulièrement, il a l'habitude d'être; non pas que les parties automotrices de la nature soient capables d'être plus faibles ou plus fortes qu'elles ne le sont naturellement : mais ayant la liberté de se mouvoir comme elles veulent, elles peuvent se mouvoir plus fort, ou plus faible, plus rapide ou plus lente, régulièrement ou irrégulièrement, comme elles le font. s'il te plaît; la Nature n'utilise pas non plus couramment la Force. Mais ceci est à noter, qu'il y a un accord général entre les parties particulières, elles sont plus fortes que lorsque ces parties sont divisées en factions et parties : de sorte que dans une commotion ou action irrégulière générale, toutes les parties sensibles du corps d'un homme, accepter de se mouvoir avec une force extraordinaire, d'une manière insolite ; pourvu qu'il ne soit pas différent de la propriété et de la nature de leurs Compositions ; c'est-à-dire, pas différent de la propriété et de la nature d'un homme. Mais ceci est également à noter, que dans un accord général, l'homme peut avoir d'autres propriétés que lorsque le corps entier est gouverné par des parties, comme il est d'usage lorsque le corps est régulier, et que chaque partie se meut dans sa sphère propre, pour ainsi dire, (par exemple) la Tête, le Cœur, les Poumons, l'Estomac, le Foie, et ainsi de suite, où chaque Partie se meut en plusieurs sortes d'Actions. La même chose peut aussi être dite des Parties des Jambes et des Mains, qui sont différentes sortes d'Actions ; pourtant tous se meuvent à l'usage et au profit de tout le corps : mais, si les mouvements corporels dans les mains, et ainsi dans les jambes, sont irréguliers, ils n'aideront pas le reste des parties ; et ainsi, en bref, la même chose se produit dans toutes les parties du corps, dont certaines parties peuvent être régulières et d'autres irrégulières ; et parfois tout peut être irrégulier. Mais, pour conclure ce Chapitre, le Corps peut avoir une Force et des Propriétés inhabituelles ; comme quand un homme dit : Il a été emporté et jeté dans un fossé, ou dans un endroit éloigné ; et qu'il était pincé, et qu'il a vu des choses étranges, entendu des sons étranges, senti des odeurs étranges ; tout ce qui peut très bien être causé par les mouvements irréguliers, soit par une irrégularité générale, soit par une irrégularité particulière ; et la vérité est que les mouvements corporels particuliers ne connaissent pas le pouvoir du général, jusqu'à ce qu'ils s'unissent par un accord général ; et parfois il peut y avoir de telles commotions dans le corps d'un homme, comme dans un Commonwealth, où plusieurs fois il y a un tumulte général et une confusion, et personne ne connaît la cause, ou qui l'a commencé. Mais ceci doit être noté, que si les mouvements Sensitifs commencent le Désordre, alors ils causent le Rationnel à être si désordonné, qu'ils ne peuvent ni conseiller avec sagesse, ni diriger avec ordre, ni persuader efficacement.

TYPE. XII. Des maladies produites par vanité.

Comme il y a de nombreuses sortes de *maladies* , il y a de nombreuses manières ou manières de produire des maladies ; et ces Maladies qui sont produites par *la Vanité* , sont d'abord occasionnées par les Mouvements Figuratifs Corporels Rationnels : car, bien que chaque Vanité, ou Imagination, soit un Mouvement Figuratif Corporel Rationnel de plusieurs ; pourtant, toute Conception ou Imagination ne produit pas d'Effet Sensible : mais dans celles qui produisent un Effet Sensible, c'est la Conception ou l'Imagination de certaines sortes de Maladies ; mais dans la plupart de ces espèces qui sont dangereuses pour la vie ou causent la difformité : la raison en est que, comme toutes les parties de la nature se connaissent elles-mêmes, elles s'aiment elles-mêmes : aussi, les sociétés régulières engendrent un amour uni, par la Accords, qui provoquent une peur rationnelle d'une désunion ou d'une dissolution ; et c'est pourquoi, à la perception d'une telle Maladie, le Rationnel, par quelque désordre, figure cette Maladie ; et les Mouvements Corporels Sensibles, prennent un modèle du Rationnel, et ainsi la Maladie est produite.

LA DIXIÈME PARTIE.

TYPE. I. DES FIÈVRES.

Certains sont d'avis, que toutes, ou, du moins, la plupart des maladies, sont accompagnées, plus ou moins, d'une maladie de *Carré fébrile* : Si oui, alors nous pouvons dire, une *fièvre* est la *maladie fondamentale* : mais, si cette opinion est vraie , ou non, je ne sais pas ; mais j'observe qu'il y a plusieurs sortes de fièvres, et il en est de même de toutes les autres maladies ou maladies : car toute altération ou différence d'une seule et même sorte de maladie est une sorte de plusieurs. Quant aux fièvres, j'ai observé qu'il y a des fièvres dans le sang ou les humeurs, et non dans aucune des parties vitales ; et ce sont des fièvres brûlantes ordinaires : et il y a d'autres sortes de fièvres qui sont dans les parties vitales, et toutes les autres parties du corps, et ce sont des *fièvres malignes* ; et il y a des sortes de fièvres qui sont dans les humeurs radicales, et ce sont *des fièvres hectiques* ; et il y a d'autres sortes de fièvres qui sont dans ces parties, que nous appelons les *parties spirituelles* . De plus, toutes *les consomptions* sont accompagnées d'une maladie de Carré fiévreuse : mais, ce que sont les divers mouvements figuratifs de ces diverses sortes de fièvres, je ne peux pas le dire.

TYPE. II. De la PESTE.

Il y a deux sortes visibles de la maladie nommée la *peste* : La plus faible est celle qui produit des gonflements, ou des plaies enflammées ou corrompues, qui sont accompagnées de fièvre. L'autre espèce est celle qu'on appelle la *peste tachetée* . Le premier type est parfois Curable ; mais le Second est Incurable ; du moins, aucun remède n'a encore été trouvé. La vérité est que la *peste tachetée* est une *gangrène* , mais est quelque peu différente des autres sortes de *gangrens* ; car cela commence parmi les parties vitales, et, par une infection, s'étend aux parties extrêmes ; et non seulement ainsi, mais à Forrein Parts; ce qui ne fait pas seulement une infection générale parmi toutes les différentes parties du corps, mais l'infection se propage à d'autres corps. Et tandis que d'autres sortes de *gangrens* commencent vers l'extérieur et pénètrent vers l'intérieur ; la *gangrène de la peste* commence

vers l'intérieur et perce vers l'extérieur : de sorte que la différence (comme je l'ai dit) est que la sorte ordinaire de *gangrens* infecte les parties voisines du corps à des degrés modérés ; tandis que la *peste gangrène* infecte non seulement les parties voisines du même corps, et cela tout à coup, mais infecte les corps étrangers. De plus, les *gangrens* ordinaires peuvent être arrêtés de leur infection, en enlevant les parties infectées ou malades. Mais la *Gangrène de Plaguy* ne peut en aucun cas être arrêtée, car les Parties Vitales ne peuvent être séparées du reste des Parties, sans une ruine totale : d'ailleurs, elle perce et s'étend plus brusquement, que des Remèdes peuvent être appliqués. Mais, s'il y a des applications des préventions, je ne sais pas ; car ces études appartiennent plus aux *médecins* qu'à un *philosophe naturel*. Quant aux maladies que nous nommons les *pourpres* et la *fièvre boutonneuse*, elles sont du même genre, ou parenté, quoique pas du même genre, que *la rougeole* et la *petite vérole*. Mais ceci est à noter, que l'infection est un acte d'imitation : car, une partie ne peut pas donner à une autre partie une maladie, mais seulement que certaines imitent les mêmes sortes d'actions irrégulières d'autres parties ; dont certains sont des imitateurs proches, et certains occasionnent un mode général.

TYPE. III. De la petite vérole et de la rougeole.

La *petite vérole* ressemble un peu à la *peste douloureuse*, non seulement en étant infectieuse, comme le sont les deux sortes de pestes ; mais, en étant d'une nature corrompue, comme l'est la plaie-peste; seule la *petite vérole* est innombrable, ou de très nombreux petits bobos ; alors que le *Mal-Peste* n'est qu'un ou deux gros Plaies. De plus, la *petite vérole* et *la peste douloureuse* se ressemblent en ceci que si elles se lèvent et se cassent, ou si elles ne tombent pas à plat, mais restent jusqu'à ce qu'elles soient sèches et couvertes de croûtes, le patient vit : mais, s'ils tombent à plat, et ni cassure, ni croûte, le Patient est en danger de se teindre. Aussi, il est à noter, que cette maladie est parfois accompagnée d'une maladie de Carré fébrile ; Je dis, parfois, pas toujours ; et c'est la cause que beaucoup de colorants, soit avec des applications trop chaudes, soit trop froides : car, dans une maladie de Carré fébrile, les cordiaux chauds sont Poyson ; et quand il n'y a pas de fièvre, les remèdes rafraîchissants sont *l'opium* : Pareil pour laisser couler le sang ; car si la maladie est accompagnée d'une fièvre et que la fièvre n'est pas apaisée en laissant couler du sang, il est probable que la fièvre, accompagnée de la vérole, détruira le patient : et s'il n'y a pas de fièvre et que le sang coule, la vérole n'a pas une Humidité suffisante pour se dilater, ni une Vapeur naturelle suffisante pour respirer, ou respirer ; de sorte que la vie du patient est étouffée ou

étouffé par les Corruptions contractées. Quant à la rougeole, bien qu'elles soient du même genre, mais pas du même genre ; car ce sont plutôt des petits soulèvements que des plaies corrompues, et sont donc moins dangereux.

TYPE. IV. De l'Intermittence des Fièvres ou des Agues.

Les Agues ont plusieurs sortes de Distempers, et celles qui sont tout à fait opposées les unes aux autres, comme le Froid et le Tremblement, le Chaud et le Brûlant, outre la Transpiration : Aussi, il y a plusieurs temps d'Intermissions ; comme certains sont des Agues de tous les jours, d'autres des Agues du troisième jour et des Agues *du Quartan* ; et un certain patient peut être ainsi détrempé, plusieurs fois, dans la boussole de quatre et vingt heures : mais ceux-ci sont plutôt de la nature des fièvres intermittentes, que des fièvres parfaites. De plus, dans Agues, il y a plusieurs fois une différence entre les crises de chaud et de froid : car parfois les crises de froid seront longues et les crises de chaud courtes ; d'autres fois, les Hot Fits seront longs et les Cold Fits courts; d'autres fois, beaucoup d'un degré égal : mais, la plupart des fièvres et des fièvres intermittentes, proviennent soit de mouvements mal digestifs, soit d'une superfluité de mouvements froids et chauds, ou d'une irrégularité du froid, du chaud, du sec ; ou Moist Motions, où chaque sorte s'efforce et lutte les unes avec les autres. Mais, pour faire une comparaison, les Agues sont un peu comme plusieurs sortes de Temps, comme le Gel et le Dégel,

Jours nuageux ou pluvieux, ou beaux et ensoleillés : ou comme les quatre saisons de l'année, où les crises de froid sont comme l' *hiver*, froid et venteux ; le Hot Fits comme *l'été*, chaud et sec ; le Sweating Fits like *Autumn*, chaud et humide ; et, quand la Fit est passée, comme le *Spring*. Mais, pour conclure, la cause principale des maux, ce sont les digestions irrégulières, qui font des humeurs à moitié concoctées ; et selon que ces Humeurs à moitié concoctées digèrent, le Patient a ses Troubles Aigus, où certains sont tous les jours, d'autres tous les deux jours, certains tous les trois jours, et quelques Quartans : mais, par la raison ces Humeurs à demi concoctées, sont *de* plusieurs sortes d'humeurs, certaines froides, certaines chaudes, certaines froides et sèches, certaines chaudes et sèches, ou chaudes et humides ; et ces différentes sortes d'humeurs brutes ou à moitié concoctées ; ils occasionnent un tel désordre, non seulement par une manière non naturelle de digestion, qu'ils ne sont ni opportuns ni réguliers par degrés ; mais, ces plusieurs sortes d'humeurs brutes, s'efforcent et luttent les unes avec les autres pour le pouvoir ou la suprématie : mais, selon que ces différentes humeurs brutes concoctent, les crises sont plus ou moins longues : aussi, selon la quantité de ces humeurs brutes, et selon comme ces humeurs sont un rassemblement ou une reproduction, il en va de même pour les temps de ces crises et intermittences. Mais ici, il faut noter que certains Agues peuvent être occasionnés par certaines Digestions Irrégulières Particulières ; d'autres d'une digestion irrégulière générale, les uns de quelques parties obscures, d'autres des humeurs ordinaires.

TYPE. V. Des CONSOMMATIONS.

Il y a plusieurs sortes de *consommations* ; comme, certains sont des Consomptions des Parties Vitales, comme le Foie, les Poumons, les Reins, ou des Parties semblables : D'autres, une Consomption des Parties Radicales : D'autres une Consomption des Parties Spirituelles : D'autres Consomptions ne sont que de la Chair ; qui, à mon avis, est la seule consommation curable. Mais, toutes les consommations ne sont pas seulement une altération, mais un gaspillage et une désunion des parties fondamentales ; seules ces parties consommatrices s'envolent pour ainsi dire peu à peu ; et ainsi, peu à peu, la société d'une créature humaine se dissout.

TYPE. VI. Des DROPSIES.

Les hydropisies procèdent de plusieurs causes ; comme, certains d'une désintégration de certaines des parties vitales ; d'autres par un superflu d'humeurs indigestes ; certains d' une sécheresse surnaturelle de certaines parties; d'autres par un superflu de mouvements nourrissants ; certains, à travers certaines Obstructions ; d'autres, par le biais d'un

excès de teinture humide : mais, toutes les hydropisies procèdent non seulement de mouvements irréguliers, mais d'une telle irrégularité particulière, que tous les mouvements s'efforcent d'être d'un mode, (comme je puis dire), c'est-à-dire de se déplacer à la manière de ceux-ci. sortes de Mouvements qui sont la Nature innée de l'Eau, et sont des sortes de Dilatations Circulaires : mais, par ces actions, la Société Humaine s'efforce de faire un Déluge, et de se détourner de la Nature du Sang et de la Chair, à la Nature de l'Eau. .

TYPE. VII. De LA TRANSPIRATION.

Toutes *les maladies de la transpiration* sont un peu de la nature des hydropisies ; mais elles sont (du moins semblent être) plus extérieures qu'intérieures. pourtant, la transpiration régulière est aussi appropriée que la respiration régulière ; et si sain, que la transpiration extraordinaire, dans certaines maladies, occasionne une guérison : car la transpiration est une sorte de purge ; de sorte que l'évacuation de la sueur, par les pores, est aussi nécessaire que d'autres sortes d'évacuation, comme la respiration, l'urine, le siège, le crachat, la purge par le nez, etc. Mais, l'excès de transpiration, c'est comme d'autres sortes de flux, dont certains se moqueront à mort ; d'autres vomissent à mort; et d'autres comme les flux occasionneront

décès; il en est de même de la transpiration : de sorte que la *maladie de la transpiration* n'est que comme une *maladie fluxive* . Mais, comme je l'ai dit, la transpiration régulière est aussi nécessaire que les autres évacuations ordinaires : et comme certaines sont susceptibles d'être restrictives, d'autres laxatives ; et tantôt un seul et même Homme sera laxatif, d'autres fois costif ; il en va de même pour les hommes concernant la transpiration : et comme certains hommes prennent des médicaments pour purger par les selles, ou les vomissements, ou l'urine ; alors ils prennent des Médicaments pour se purger en Transpirant. Et, comme l'homme a plusieurs sortes d'humeurs excrémentielles, ainsi plusieurs sortes de sueurs ; comme, les sueurs moites, les sueurs froides, les sueurs chaudes et les sueurs légères : et, comme tout excès d'autres sortes de purges, rend un homme faible et faible ; la transpiration aussi.

TYPE. VIII. De COVGHS.

Il y a plusieurs sortes de *toux* , provenant de plusieurs causes ; ainsi, certaines toux procèdent d'une surabondance d'humidité ; d'autres d'une chaleur non naturelle ; d'autres d'une corruption des humeurs ; d'autres d'une décomposition des parties vitales ; d'autres par des rhumes soudains sur des maladies chaudes : les uns sont causés par un vent intérieur ; certaines toux proviennent d'humeurs salées, amères, aiguës et douces : certaines toux proviennent de Flegm, qui Flegm surgit comme une écume dans une marmite, lorsque la viande bout sur un feu : pour

quand l'estomac est brûlant, les humeurs dans l'estomac sont des substances liquides sur le feu ; ces mouvements bouillants portant les humeurs grossières au-delà de la bouche de l'estomac, et, provoquant une dispute entre le souffle et les humeurs, produisent l'effet de forcer, ou d'atteindre vers le haut vers la bouche, un peu comme la nature et les mouvements du vomissement : mais, pour cette raison, ces mouvements ne sont pas aussi forts dans la toux que dans le vomissement, les mouvements de toux ne font apparaître que des morceaux ou des parties de Flegm superflus ou de crachats grossiers. De même pour les humeurs corrompues. D'autres toux proviennent de chaleurs non naturelles ou détrempées ; lesquelles chaleurs causent des vapeurs inutiles, et ces vapeurs montant des entrailles, ou estomac, à la tête, et trouvant une dépression, sont convertics ou changées en une substance aqueuse ; laquelle Substance Aquatique tombe, comme de la bruine ou de la petite Pluie, ou en gouttes plus grosses, à travers le passage de la Gorge et de la Trachée : laquelle étant opprimée, et le Souffle entravé, provoque une Lutte ; quel effort est un effort ; comme lorsque des miettes de pain ou des gouttes de boisson ne pénètrent pas correctement dans la gorge, mais troublent et obstruent la trachée, ou lorsqu'une telle matière se colle dans le passage de la gorge : car, lorsqu'une partie quelconque du corps est obstrué, il s'efforce de se libérer de ces Obstructions : De plus, lorsque la Vapeur qui surgit, surgit en Vapeur très Mince et Raffinée, que la vapeur raréfiée s'épaissit ou ne se condense pas si soudainement, étant plus éloignée du degré de l'eau ; mais lorsqu'il est condensé en eau, il tombe par gouttes; qui ruisselle dans la gorge (comme les larmes des yeux coulent sur les joues du visage), la toux n'est pas si violente, mais plus fréquente : mais si le Rheum est salé ou piquant, qui ruisselle dans la gorge, il cause une puce douce ou douce, qui ressemble beaucoup au toucher de chatouillement ou de démangeaison, qui provoque une fatigue ou une toux faible ou faible. De plus, le vent provoquera une tension ou une toux : le mouvement du vent est comme si les cheveux chatouillaient le nez. Ou bien, le vent causera un chatouillement dans le nez, ce qui causera l'effet d'éternuer : car, l'éternuement n'est rien d'autre qu'une toux par le nez ; Je peux dire, c'est une toux nasale. Et les Hickops ne sont que des toux d'estomac, le vent provoquant une tension de l'estomac. De plus, les tripes ont la toux, qui est causée par le vent, qui provoque des conflits dans les tripes et les intestins. D'autres toux sont produites à partir de parties pourries : car, lorsqu'une partie est corrompue, elle devient moins solide qu'elle ne devrait l'être naturellement : comme par exemple, la chair du corps, lorsqu'elle est corrompue, passe de la chair dense à une substance visqueuse ; de là, en une substance aqueuse, qui tombe en parties, ou change de chair, en une matière mixte corrompue, qui tombe en parties. Les divers mélanges, ou substances détrempées,

et les mouvements irréguliers, causent la division des parties composées ; mais au moment de la dissolution et des divisions de n'importe quelle partie, il y a un conflit qui cause la douleur : et si le conflit est dans les poumons, il provoque la toux, en obstruant le souffle : mais, certaines toux proviennent des vapeurs et des vents, surgissant des parties intérieures décomposées, envoyant des vapeurs de la substance dissolvante, qui cause la toux ; et quelques toux causent des pourritures des premières parties intérieures : car, lorsqu'il tombe de la tête une distillation constante, cette distillation est comme une goutte d'eau qui pénétrera ou divisera la pierre ; et plus facilement laisser tomber ou forer de l'eau le fera, comme Rheum, corrompra la matière spongieuse comme l'est la chair : mais, selon que le Rheum est frais, salé ou pointu, les parties sont un temps plus ou moins long à se décomposer : car, sel et Sharp est corrodant ; et, par les mouvements corrosifs, ulcère les parties sur lesquelles tombent les rhumes salins, ce qui les détruit bientôt. Quant à *Chin-Cough* , c'est un vent ou une vapeur provenant des poumons, à travers la conduite du vent ; et tant que le Vent ou la Vapeur monte, le Patient ne peut pas aspirer d'Air ou de Souffle Revivifiant, mais il Tousse violemment et sans cesse, jusqu'à ce qu'il s'évanouisse ou qu'il n'ait plus de Force ; et avec l'effort, ce sera comme s'il était étranglé ou étranglé, et deviendrait noir au visage, et, une fois la toux passée, se rétablirait à nouveau ; mais quelque colorant de ces sortes de toux.

TYPE. IX. De GANGREN.

Les gangrens sont de la nature de la *peste* ; et ils sont de Deux sortes, comme l'est la *Peste* ; l'un plus soudain et mortel que l'autre : la seule différence de leurs qualités d'insectes, c'est que *les gangrens se* propagent en insecte encore le suivant, ou les parties voisines ; tandis que les pestes infectent Forrein, autant que Home-Parts. Aussi, la sorte mortelle de *Gangren* , infecte (comme je peux dire) de la Circonférence vers le Centre : quand comme les sortes mortelles de la Peste, infectent du Centre, vers la Circonférence. Mais, cette sorte de *gangrène* qui est la plus faible, n'infecte que les parties adjacentes suivantes, par degrés, et d'une manière étendue, plutôt que d'une manière perçante.

Mais certains peuvent objecter que *les pestes* et *les gangrens* sont produits par des causes différentes ; comme par exemple, Extream Cold causera *Gangren's* ; et la chaleur extrême provoque *des pestes* .

Je réponds que deux causes opposées peuvent produire des effets semblables, dont on peut apporter de nombreux exemples.

TYPE. X. Des cancers et des fistules.

Les cancers et *les fistules* sont quelque peu semblables, en ce qu'ils sont tous deux produits à partir du sel, ou de mouvements corrosifs aigus : mais en ceci ils diffèrent, que les cancers gardent leur centre et se répandent en ruisseaux ; tandis que *la Fistule* courra d'un endroit à l'autre : car si elle est arrêtée à un endroit, elle est susceptible de s'enlever et d'éclater dans un autre. Pourtant, *les cancers* ressemblent un peu à *ceux de Gangren* , en ce qu'ils infectent les parties voisines ; de sorte qu'à moins qu'un *cancer* ne soit dans un endroit tel qu'il puisse être séparé des parties saines, il détruit la vie humaine, en mangeant (comme je puis dire) les parties saines du corps, comme le font toutes les maladies corrosives, tranchantes ou salées. .

TYPE. XI. Du GOUVERNEMENT.

Quant à la maladie nommée la *goutte* , je n'ai jamais entendu parler que de deux sortes ; le *Fixt* , et le *Running Gout* : mais, ne me méprenez pas, je veux dire *Fixt* pour *Place* , pas *Time* . Le *Fixt* procède de mouvements chauds, vifs ou salins : la *goutte courante* de mouvements froids et vifs ; mais, les deux sortes sont des maladies intermittentes, et très douloureuses ; et j'ai entendu ceux qui ont eu le *Fixt Gout* dire que la douleur du Fixt Gout est un peu comme le mal de dents : mais, toutes les gouttes sont occasionnées par des pressions et des réactions irrégulières. Quant à celle qu'on nomme Windy Gout, c'est plutôt une sciatique qu'une goutte.

TYPE. XII. De la PIERRE.

De la maladie de la *pierre* chez les créatures humaines, il y en a plusieurs sortes : car, bien que la *pierre* de la *vessie* , des *reins* et dans la *Gaule* soit toutes d'une sorte de maladie appelée la *pierre* , elles sont cependant de différentes sortes. : mais, si la maladie de la *pierre* est produite par des mouvements chauds ou froids, je ne peux pas juger : mais c'est probable, certains sont produits par des mouvements chauds, d'autres par des mouvements froids ; et peut-être d'autres de telles sortes de mouvements qui ne sont ni parfaitement chauds ni parfaitement froids : car la *pierre* est produite, comme toutes les autres créatures, par telles ou telles sortes de mouvements figuratifs. Il faut noter ici que certaines des humeurs du corps peuvent altérer leur mouvement, et passer de Flegm, Choler, ou similaires, à *Stone* ; et ainsi d'être un corps rare, humide ou lâche, pour être un corps sec, dense, dur ou fixe. Mais certainement, la *Pierre* de la *Vessie* , *des Reins* et *de la Gaule* , sont de plusieurs sortes, comme étant produites par plusieurs sortes de Mouvements Figuratifs ; comme aussi, selon les propriétés et les formes de ces diverses parties du corps dans lesquelles ils sont produits : car, comme plusieurs sortes de sojas, ou parties de la terre, produisent plusieurs sortes de minéraux ; ainsi plusieurs Parties du Corps, plusieurs sortes de la Maladie de la *Pierre* : Et, comme il y a plusieurs sortes de Pierres dans les diverses Parties de la Terre ; ainsi, sans doute, il peut y avoir non seulement plusieurs sortes de pierre dans plusieurs parties, mais plusieurs sortes dans une seule et même partie ; au moins, dans les parties semblables de plusieurs hommes.

TYPE. XII. Des apoplexies et des léthargies.

Les apoplexies, les léthargies et les maladies semblables sont produites par une certaine décadence des esprits vitaux, ou par des obstructions, comme étant obstruées par des superfluités, ou par les irrégularités de certaines sortes de mouvements, qui occasionnent la fermeture de certains passages, qui devraient être ouvrir. Mais ne me méprenez pas, je ne parle pas de Passages vides ; car il n'y a rien de tel (à mon avis) dans la Nature : mais, je veux dire un passage ouvert pour un Cours et un Recours fréquents des Parties. Mais une *apoplexie* est un peu de la nature d'un *Dead-Palsie* ; et une *léthargie* , d'un Numb-Palsie ; mais j'ai entendu dire que l'opinion des savants est que certaines sortes de douleurs vaporeuses sont les précurseurs des *apoplexies* et *des paralysies* : mais, à mon avis, bien qu'un homme puisse avoir deux maladies à la fois ; pourtant sûrement, là où la Vapeur peut passer, il ne peut pas y avoir d'Arrêt absolu.

TYPE. XIII. Des ÉPILEPSIES.

Les épilepsies , ou que nous nommons la *maladie des chutes* , sont de la nature des évanouissements ou des évanouissements : mais il y en a deux sortes visibles ; l'une est que seule la tête est affectée, et non les autres parties du corps ; et pour preuve, ceux qui sont ainsi détrempés uniquement dans la tête, toutes les autres parties lutteront et s'efforceront d'aider ou d'aider les parties affectées ou affligées, et les parties de la tête qui ne sont pas irrégulières, comme on peut l'observer par leurs mouvements. ; mais, au moyen de quelques autres parties, il y aura aussi des efforts et des luttes, comme on peut l'observer en écumant par la bouche. L'autre sorte est comme les crises de balbutiement ordinaires, où toutes les parties du corps semblent, pour un temps, être mortes. Mais ceci doit être observé, que ceux qui sont ainsi malades, ont certains temps d'interruptions, comme si les mouvements corporels gardaient un décorum en étant irréguliers. Mais certains ont eu *des épilepsies* dès leur naissance ; ce qui prouve que leurs mouvements productifs étaient irréguliers.

TYPE. XIV. Des convulsions et des crampes.

Les convulsions et *les crampes* se ressemblent un peu ; et les deux, à mon avis, procèdent de contractions froides : mais, *les crampes* sont causées par les contractions des veines *capillaires* , ou petites *fibres* , plutôt que des nerfs et des tendons : car, ces contractions, si elles sont violentes, sont *des convulsions* : de sorte que Les crampes sont des contractions des petites fibres ; et les convulsions sont des contractions des nerfs et des tendons. Mais la raison (je crois) que ces maladies procèdent des contractions froides, c'est que les remèdes chauds produisent, pour la plupart, des guérisons parfaites ; mais, ils doivent être de telles sortes de remèdes chauds, qui sont de nature dilatante ou atténuante ; et non ceux dont les propriétés sont chaudes et sèches, ou contractantes : aussi, les demandes doivent être selon la force de la maladie.

TYPE. XV. De CHOLICKS.

Les Cholicks sont comme *des Crampes* ou *des Convulsions* ; ou *Convulsions* et *crampes* , comme *Cholicks* : car, comme *les convulsions* sont des contractions des nerfs et des tendons ; et *Crampes* , Contractions des petites *Fibres* : donc *Cholicks*

sont un contractant des tripes : et, pour preuve, dès que les mouvements contractants changent et se transforment en actions de dilatation ou d'expulsion, le patient est à l'aise. Mais, il y a plusieurs Causes qui produisent le *Cholick* : car, certains *Cholicks* sont produits par des Mouvements Chauds et Pointus, comme *les Cholicks Bilieux* ; d'autres de Cold and Sharp Motions, comme *Splenetick Cholicks* ; d'autres de Crude and Raw Humours ; certains de Hot Winds; certains de Cold Winds. Les mêmes sortes de *convulsions* et *de crampes* peuvent être : mais, bien que ces plusieurs *Cholicks* puissent provenir de plusieurs causes ; pourtant, ils sont tous d'accord en ceci, être des contractions : car, comme je l'ai dit, lorsque ces mouvements corporels modifient leurs actions en dilatation ou en expulsion, le patient est à l'aise. Mais, ces *Cholicks* qui procèdent des mouvements chauds et pointus, sont les plus douloureux et les plus dangereux, parce qu'ils sont, pour la plupart, plus forts et têtus. Quant aux *Cholicks* dans l'estomac, ils sont causés par les mêmes sortes de mouvements qui causent certaines sortes de contractions : mais, ces sortes de contractions de *Cholick* , sont à la manière de tordre ou de tordre des contractions. La même chose dans Convulsive-Contractions.

TYPE. XVI. Des paralysies tremblantes.

Les paralysies tremblantes procèdent d'un relâchement des nerfs ou des tendons, comme peuvent l'observer ceux qui tiennent ou posent un poids lourd sur les bras, les mains ou les jambes : car, lorsque les fardeaux sont enlevés, ces membres seront susceptibles de trembler. et secouer tellement, pendant une courte période, (jusqu'à ce qu'ils aient récupéré leur ancienne force) que les Leggs ne peuvent pas aller, ou se tenir fermement; ni les bras, ni les mains, ne font rien sans trembler. La raison de ces sortes de relâchement, c'est que de lourds fardeaux occasionnent aux nerfs et aux tendons de s'étendre au-delà de leur ordre ; et étant étirés, ils deviennent plus relâchés et lâches, d'autant qu'ils ont été étirés ou étendus; jusqu'à ce qu'ils se contractent à nouveau dans leur posture appropriée. Et la raison pour laquelle la vieillesse est sujette aux *paralysies tremblantes* , c'est que le cadre de tout leur corps est plus lâche et plus lâche que lorsqu'il était jeune : comme dans une maison délabrée. , chaque matériau est plus lâche que lors de sa première construction ; mais pourtant, quelquefois une vieille maison tremblante continuera longtemps, avec quelques réparations : ainsi les vieux hommes tremblants, avec soin, et bon Dyet, continueront longtemps. Mais ceci est à noter, que le tremblement est une sorte de *Shaking-Palsie* , quoique d'une autre sorte ; et la faiblesse aussi

après la maladie : mais, ces sortes sont occasionnées, comme quand une maison secoue dans un grand vent, ou une tempête ; et non par une Décomposition Fondamentale.

TYPE. XVII. Du muther, de la rate et du scorbut.

Quant aux maladies qu'on nomme *crises de muther* , *rate* , *scorbut* , etc.; bien qu'ils soient les maladies les plus générales, surtout chez les femelles ; pourtant, chaque sorte particulière est si variée et a des effets si différents, que, j'observe, ils intriguent les hommes les plus savants pour découvrir leurs actions jongleuses, complexes et incertaines. Mais ceci doit être observé, que les sortes de personnes les plus riches sont les plus aptes à ces sortes de maladies ; ce qui prouve, que l'oisiveté et le luxe en sont l'occasion.

TYPE. XVIII. De la Nourriture ou Digestions.

Comme je l'ai dit, *les digestions* sont si nombreuses et si obscures, que les hommes les plus savants ne savent pas comment la nourriture est convertie et distribuée à toutes les parties du corps : laquelle obscurité occasionne beaucoup de disputes et beaucoup de disputes parmi les savants ; mais, à mon avis, ce ne sont pas les parties du corps humain qui digèrent la nourriture, bien qu'elles puissent être une occasion (par leurs propres régularités ou irrégularités) de provoquer de bonnes ou de mauvaises digestions : mais, les parties du corps Nourriture, se digérer; c'est-à-dire, modifier leurs actions à la Propriété et à la Nature d'un Corps Humain : de sorte que les Parties Digestives ne sont que des Parties Supplémentaires ; et, si ces mouvements nourrissants sont réguliers, ils distribuent leurs différentes parties, et joignent leurs différentes parties, à ces différentes parties du corps qui nécessitent une addition. En outre, les mouvements digestifs sont fonction de la nature ou de la propriété de chacune des différentes parties du corps humain, comme par exemple, ces parties digestives se transforment en sang, chair, graisse, moelle, cerveaux, humeurs, et ainsi de suite en toute autre partie figurative du corps humain. le corps sensible. On peut dire la même chose des parties rationnelles de l'esprit : mais, si ces parties digestives sont irrégulières, elles causeront un désordre dans un corps bien ordonné ; et, si les parties du corps sont irrégulières, elles occasionneront un désordre. parmi les parties digestives : mais, selon les régularités et les irrégularités des parties digestives, le corps est-il plus ou moins nourri. Mais ceci est à noter, que selon la superfluité ou la rareté de ces parties digestives, le corps est opprimé ou affamé.

TYPE. XIX. D'EXCÉDENTS.

Les excès sont occasionnés de différentes manières : car, bien que de nombreux excès proviennent de ces parties qui sont reçues dans le corps ; pourtant, certains sont occasionnés par des répétitions fréquentes d'une seule et même action : Comme par exemple, Les Yeux peuvent s'engorger en voyant trop souvent un Objet ; les Oreilles, avec souvent entendre un Son; le Nez, avec l'odeur d'un Envoyé ; la Langue, avec un Goût. Il en va de même des Actions Rationnelles ; lesquels excès occasionnent une aversion pour tels ou tels particuliers : mais, pour ces excès qui procèdent des parties qui sont reçues dans le corps, ce sont soit par la *quantité* qui opprime la nature du corps ; ou, par la *qualité* de ces parties, n'étant pas conforme à la nature du corps ; ou, par leurs Irrégularités, qui occasionnent les mêmes Irrégularités dans le Corps : et quelquefois, la faute est par les Irrégularités du Corps, qui gênent ces Parties reçues, ou obstruent leurs Digestions Régulières ; et parfois, la faute est à la fois des parties du corps et de la nourriture : mais, les excès de ces parties qui ne reçoivent pas de nourriture, sont causés par la répétition souvent d'une seule et même action.

TYPE. XX. Des évacuations naturelles ou purges.

Il existe de nombreuses sortes et plusieurs manières ou moyens d'actions de purge; dont quelques-uns que nous nommons *naturels*, qui purgent les parties excrémentielles ; et ces purges naturelles ne concernent que les parties qui ne sont d'aucune manière utiles au corps ; ou de ceux qui ne veulent pas se convertir dans la Nature et la Propriété des Parties Substantielles. Il faut nécessairement qu'il y ait des actions Purifiantes, ainsi que des actions Digestives ; car aucune créature ne peut subsister seule par elle-même, mais toutes les créatures subsistent les unes par les autres ; de sorte qu'il doit y avoir des actions de division, ainsi que des actions d'union ; seulement, plusieurs sortes de Créatures, ont plusieurs sortes de Nourritures et d'Évacuations. Mais ceci est à remarquer, dans les Nourritures et Evacuations Humaines, que, par leurs Irrégularités, certains Hommes peuvent trop nourrir, et d'autres purger trop ; et certains peuvent nourrir trop peu, et certains peuvent purger trop peu. Les Irrégularités concernant les Nourritures, sont parmi les Parties voisines ; les erreurs concernant la purge font partie des parties séparatrices.

TYPE. XXI. De PURGE DES DROGUES.

Il existe de nombreuses sortes de *drogues* , dont certaines sont bénéfiques, en aidant ces parties particulières du corps qui sont opprimées et offensées, soit par des humeurs superflues, soit par des humeurs malignes : mais, il y a certaines sortes de drogues qui sont aussi malveillantes pour l'humain. La vie, car les assistants Druggs sont sympathiques. Plusieurs sortes de Médicaments ont plusieurs sortes d'Actions, ce qui cause plusieurs Effets ; comme, certains Druggs travaillent par Siege; d'autres, par l'urine ; certains, par Vomit; d'autres, en crachant ; d'autres, par la transpiration ; certains causent le sommeil; certains sont chauds, d'autres sont froids ; certains secs, d'autres humides. Mais ceci est à noter, que ce n'est pas les mouvements des Druggs, mais le mouvement des humeurs, que les Druggs occasionnent de couler; et non seulement de couler, mais de couler de telle ou telle manière et de telle manière. Les Actions de Druggs, sont comme les Actions de Hounds, ou Hawks, qui volent vers un Oiseau particulier, ou courent après une bête particulière de leur espèce, bien que d'un genre différent : La seule différence est que les Druggs ne sont pas seulement de une espèce différente, mais d'une espèce différente de l'espèce animale ; du moins, de Human Sort.

TYPE. XXIII. Des diverses humeurs de Druggs.

La raison, une seule et même Quantité ou Dose d'une seule et même sorte de Purgatoire-Drogue ou Médecine, agira souvent différemment dans plusieurs Corps Humains ; comme aussi, différemment dans un même Corps, à plusieurs reprises de prendre les mêmes sortes de Médicaments ; c'est, que plusieurs parties d'une seule et même sorte, peuvent être différemment humeurs : comme, certaines pour être plus ternes et plus lentes que d'autres ; et certains à être plus actifs que d'autres. En outre, certaines parties peuvent être de mauvaise humeur et provoquer des factions parmi les parties du corps ; tandis que d'autres s'efforceront de rectifier des Désordres ou des Factions. Et parfois, les Druggs et le Corps tombent; et puis il y a une lutte dangereuse ; le Corps s'efforçant d'expulser le Physick, et le Physick s'efforçant de rester dans le Corps, de faire du mal au Corps. De plus, certaines parties d'une seule et même espèce peuvent être si irrégulières qu'elles chassent non seulement les humeurs superflues ou les humeurs malignes, mais toutes sortes de parties fluides ; qui peut causer un désordre si grand et général qu'il peut mettre en danger la vie humaine.

TYPE. XXIII. Des CORDIALS.

Il y a plusieurs sortes de *cordiaux* : car, je prends chaque remède bénéfique pour être un cordial : mais, beaucoup de vulgaires croient, qu'il n'y a de cordial que de l'eau-de-vie, ou quelque chose comme des eaux fortes ; au moins, ils croient que tous ces remèdes qui sont virtuellement chauds sont des cordiaux : mais, quand ils prennent trop de ces cordiaux, soit dans la maladie, soit dans la santé, ils les trouveront, dans un certain temps, aussi mauvais que Poyson. Mais, toutes ces Applications qui sont nommées *Cordiaux* , ne sont pas chaudes : car, certaines sont fraîches, au moins, d'un degré tempéré. Et comme il y a des Mouvements Corporels Réguliers et Irréguliers ; il y a donc des mouvements sympathiques et antipathiques ; et pourtant les deux sortes peuvent être régulières. En outre, il existe une sorte neutre, qui n'a ni sympathie ni antipathie, mais qui est indifférente. Mais dans les différends entre deux parties différentes, un tiers peut venir en aide à une partie, plus par haine de l'opposé que par amour pour l'assisté. La même chose peut faire des cordiaux, ou des applications similaires, lorsque les mouvements corporels de la vie humaine sont en désordre et en désaccord : car, souvent, il y a une mutinerie et un désordre aussi grands parmi les mouvements corporels, à la fois dans l'esprit et dans le corps de un Homme, comme dans un État Publick en temps de Rébellion : mais, tout

Cordiaux assistants, efforcez-vous d'aider les parties régulières du corps et de persuader les parties irrégulières. Quant aux Poysons, ils sont comme Forrein Warr, qui s'efforce de détruire un gouvernement pacifique.

TYPE. XXIV. Des différentes actions des diverses parties sensibles d'une créature humaine.

Certaines parties d'une créature humaine seront régulières et d'autres irrégulières : comme, certaines des parties sensibles seront régulières et d'autres irrégulières ; c'est-à-dire que certaines parties seront douloureuses ou malades, d'autres bien : certaines parties feront de fausses perceptions ; d'autres, de vraies perceptions : certaines parties sont tempérées ; d'autres, intempérants : certaines parties soient folles, d'autres parties sobres : certaines parties soient sages ; d'autres, insensés : et la même chose doit être dite des mouvements rationnels. Mais, dans une société régulière, chaque partie et particule du corps est régulièrement agréable et sympathique.

TYPE. XXV. De l'antipathie de certaines créatures humaines envers certains objets forrein.

Comme je l'ai souvent dit, il y a souvent à la fois de la sympathie et de l'antipathie entre les parties de certains objets humains et étrangers particuliers ; en tant que certains occasionneront une perturbation si générale, qu'elle causera une altération générale, à savoir. causer à un homme de s'évanouir, ou du moins de s'évanouir ou de tomber malade : par exemple, certains s'évanouiront à certaines sortes de sons, à certaines sortes de parfums, à certaines sortes de goût, à certaines sortes de touchers et à certaines sortes de Sites touristiques. Encore une fois, de l'autre côté, certaines créatures humaines sympathiseront tellement avec certaines sortes d'objets Forrein, car certaines en rêveront, d'autres en auront Swound.

TYPE. XXVI. Des effets des objets Forrein sur l'esprit humain.

Comme il y a souvent Antipathie des Parties d'une Créature Humaine, pour Forrein Objets; il y a donc souvent des effets sympathiques produits à partir d'objets Forrein, avec les parties d'une créature humaine. Comme par exemple, un discours opportun, aimable et discret d'un ami, calmera ou calmera son esprit troublé : de même, un discours inopportun, méchant, hâtif, malveillant, faux ou soudain, troublera souvent une personne de bonne humeur. , ou Esprit Régulier, l'Esprit imitant les souches douces ou dures de l'Objet : et les mêmes Effets ont Musick, sur les Esprits de nombreuses Créatures Humaines.

TYPE. XXVII. De la CONTEMPLATION.

La contemplation humaine est une conversation entre certaines des parties rationnelles de l'esprit humain ; lesquelles parties, ne concernant pas les objets présents, se meuvent soit dans des notions pieuses, soit dans de vaines fantaisies, des souvenirs, des inventions, des intrigues, des desseins, ou autres. Mais la question est de savoir si les Parties Sensibles d'une Société Humaine, à tout moment, Contemplent ? Je réponds que certaines des Parties Sensibles sont si sociables, qu'elles sont, pour la plupart, agréables au Rationnel : car, dans les Contemplations profondes, certaines des Parties Sensibles ne prêtent pas attention aux Objets Forrein, mais au Rationnel. Actions. Aussi, si les Contemplations sont dans des Notions dévotes, les Parties Sensibles expriment la Dévotion par leurs Actions, comme je l'ai dit précédemment. De plus, lorsque les parties rationnelles se déplacent dans les actions de désir, rectifiez le mouvement sensible dans les appétits sympathiques : c'est pourquoi, si la société est régulière, les parties sensibles et rationnelles sont agréables et sociables.

TYPE. XXVIII. De l'injection du sang d'un animal dans les veines d'un autre animal.

Mettre le sang d'un animal dans un autre animal ; comme par exemple, quelques onces de sang prises, par quelque art, des veines d'un Dogg, et, par quelque art, mises dans les veines d'un homme, peuvent très facilement être faites par *injection* ; et certainement, peut aussi facilement se convertir à la nature du sang humain, que les racines, les herbes, les fruits et autres aliments similaires ; et probablement, sera plus justement transformé en chair humaine, que le sang de Hogg, mélangé avec de nombreux ingrédients, puis mis dans Gutts, et boyled, (une nourriture ordinaire parmi les gens de la campagne ;) mais le sang étant une partie humoristique lâche, peut augmenter ou diminuer, comme les autres humeurs, à savoir. *Flegm, Choler* et *Melancholy* sont susceptibles de le faire. Mais ceci est à observer, que par la raison que le sang est l'humeur la plus fluide, et de beaucoup plus|ou plus grande quantité que tout le reste des humeurs, il est susceptible (s'il est régulier) de causer, non seulement plus fréquent, mais un Perturbation plus générale.

LA ONZIÈME PARTIE.

TYPE. I. Des différentes connaissances, dans différentes espèces et sortes de créatures.

S'il n'y a pas des sortes infinies, cependant, il est probable, il y a plusieurs sortes infinies ; au moins, des Créatures Particulières Infinies, dans chaque Espèce et Sorte particulière ; et les Mouvements Corporels se déplaçant d'une manière différente, est la cause qu'il y a différentes Connaissances, dans différentes Créatures ; pourtant, aucune ne peut être considérée comme étant *la moins savante* ou *la plus savante* : car il n'y a (à mon avis) rien de tel que *la moindre* et *la plus grande chose* dans la Nature : car plusieurs sortes et sortes de Connaissances ne font pas que la Connaissance soit plus , ou moins; mais seulement, ce sont des Connaissances différentes propres à leur genre, (comme, Genre Animal, Genre Végétal, Genre Minéral,

Type élémentaire) et sont également des connaissances différentes de plusieurs sortes : comme par exemple, l'homme peut avoir une connaissance différente de celle des bêtes, des oiseaux, des poissons, des mouches, des vers ou autres ; et pourtant ne soyez pas plus sage que ces sortes d'Animaux. La même chose se produit entre les diverses connaissances des végétaux, des minéraux et des éléments : mais, parce qu'une créature ne sait pas ce qu'une autre créature sait, de là naît l'opinion d'insensibilité et d' *irrationalité* que *certaines* créatures ont des autres. Mais il faut noter que la nature est si régulière, ou sage, dans ses actions, que les *espèces* et la connaissance de chaque espèce particulière sont maintenues dans un équilibre égal ou égal : par exemple, la mort ou la naissance des animaux, n'ajoute ni ne diminue de, ou à la Connaissance du Genre, ou plutôt du Sort. De plus, un animal ne peut avoir aucune connaissance, mais telle qu'elle est propre à l' *espèce* de sa figure : mais, s'il y a une créature d'une *espèce mixte* , ou figure, alors leur connaissance est selon leur forme mixte : car, le corporel Les mouvements de chaque créature se meuvent selon la forme, le cadre ou *les espèces* de leur société : mais, il n'y a pas seulement différentes connaissances, dans différents types et sortes de créatures ; mais, il y a différentes Connaissances dans les différentes Parties d'une seule et même chose ; car les différents sens de la vue, de l'ouïe, de l'odorat, du goût et du toucher ont non seulement des connaissances différentes dans différents organes sensibles, mais

dans un Sens, ils ont plusieurs Connaissances Perceptives : et bien que les différents Organes Sensibles d'une Créature Humaine, s'ignorent les uns les autres ; pourtant, chaque sens est aussi connaissant qu'un autre. Le même (sans aucun doute) est parmi toutes les créatures de la nature.

TYPE. II. De la variété des actions de soi en particulier les créatures.

Il existe de nombreuses variétés de mouvements figuratifs chez certaines créatures ; et dans d'autres, très peu, en comparaison: mais, l'occasion de cela, est la manière du cadre et de la forme d'une créature: car, certaines créatures qui ne sont que petites, ont beaucoup plus de variété de mouvements figuratifs, que d'autres qui sont créatures très grandes et très grandes : de sorte que, ce n'est pas seulement la quantité de matière, ou le nombre de parties, mais les divers changements de mouvement, par la variété de leurs parties actives, qui en sont la cause : car, la nature n'est pas seulement un Corps Infini, mais, étant Auto-mouvement, provoque une Variété Infinie, par les Actions altérées de ses Parties ; chaque action altérée, provoquant à la fois une connaissance de soi altérée et une connaissance perceptive altérée.

TYPE. III. De la variété des mouvements corporels, d'une seule et même espèce ou espèce de mouvement.

Il y a une Variété Infinie de Mouvements des mêmes sortes et genres de Mouvements ; comme par exemple, Des Dilatations, ou Extensions, Expulsions, Attractions, Contractions, Rétentions, Digestions, Respirations : Il y a aussi des Variétés de Densités, Raretés, Gravités, Légèretés, Mesures, Tailles, Agilité, Lenteur, Force, Faiblesse, Temps, Saisons , Croissances, Décadences, Vies, Morts, Conceptions, Perceptions, Passions, Appétits, Sympathies, Antipathies, et des Millions semblables, ou sortes.

TYPE. IV. De la variété des créatures particulières.

La nature est si ravie de *la variété* , que rarement deux créatures (bien que de la même sorte, voire, des mêmes producteurs) soient identiques ; et pourtant la perception humaine ne peut pas percevoir au-dessus de quatre types de créatures, à savoir. *Animaux, Végétaux, Minéraux* et *Éléments* : mais, les diverses sortes semblent être très nombreuses ; et les Variétés des divers Particuliers, Infinies : mais, la Nature est obligée de diviser ses Créatures en Genres et Sortes, pour garder l'Ordre et la Méthode : car, il peut y avoir de nombreuses Variétés de sortes ; comme par exemple, plusieurs mondes, et des variétés infinies de particuliers dans ces *mondes* : car, les mondes peuvent différer les uns des autres, autant que plusieurs sortes d'animaux, de végétaux, de minéraux ou d'éléments ; et pourtant être tous de cette sorte que nous nommons Mondes : mais, quant aux Variétés Infinies de la Nature, nous pouvons dire, Que chaque Partie de la Nature est Infinie, en quelque sorte ; parce que chaque Partie de la Nature est un Mouvement perpétuel, et fait des Variétés Infinies, par changement ou altération d'Action : mais, il y a tant de Variété des diverses Formes, Figures, Formes, et Tailles, que, Plus Grand, et Moins ; ainsi que plusieurs sortes de chaleurs, de froids, de sécheresses, d'humidités, de feux, d'airs, d'eaux, de terres, d'animaux, de végétaux et de minéraux, qui ne doivent pas être exprimés.

TYPE. V. De la division et de la joie ou de la modification des mouvements figuratifs extérieurs.

Les mouvements figuratifs intérieurs et extérieurs de certaines espèces de créatures sont tellement unis par leurs actions sympathiques, qu'ils ne peuvent être séparés sans une dissolution totale ; et certains ne peuvent pas être modifiés sans une Dissolution ; et d'autres mouvements figuratifs peuvent se séparer et s'unir à nouveau ; et d'autres, s'ils sont séparés, ne peuvent pas s'unir à nouveau, comme ils l'étaient auparavant : comme par exemple, les parties extérieures d'une créature humaine, si une fois divisées, ne peuvent pas être rejouies ; quand comme certaines sortes de vers peuvent être divisés, et si ces parties divisées se rencontrent, peuvent se réjouir, comme avant. Aussi, quelques mouvements figuratifs de différentes sortes, et si différents, qu'ils sont opposés, peuvent s'unir en accord, dans une composition, ou créature ; pourtant, lorsque les mêmes sortes de mouvements figuratifs ne sont pas si unis, ils sont, pour ainsi dire, des ennemis mortels.

TYPE. VI. De différents mouvements figuratifs en particulier des créatures.

Il y a beaucoup de créatures qui sont composées de mouvements figuratifs très opposés ; comme par exemple, Quelques parties du feu et de l'eau ; aussi, tous cordiaux, vitriols, et eaux semblables ; aussi, Fer et Pierre, et Infini semblable : Mais, ce qui est composé des Mouvements Figuratifs les plus différents, est le *Vif-Argent*, qui est extérieurement Froid, Doux, Fluide, Agil, et Lourd : aussi, Divisible, et Réjouissable ; et pourtant si rétentif de sa nature innée, que bien qu'il puisse être raréfié, il ne se dissout pas facilement ; du moins, pas que les créatures humaines puissent percevoir ; car, il a perplexe les meilleurs *chymistes* .

TYPE. VII. Des altérations des mouvements figuratifs extérieurs et innés de plusieurs sortes de créatures.

La Forme de plusieurs Créatures, est après plusieurs manières et manières, ce qui cause plusieurs Natures ou Propriétés : Comme par exemple, Les Mouvements Corporels Extérieurs et Innés de quelques Créatures, dépendent tellement les uns des autres, Que la moindre Altération de l'une, cause une Dissolution de toute la Créature ; tandis que les mouvements corporels extérieurs d'autres sortes de créatures peuvent changer et remplacer leurs actions, sans la moindre perturbation des mouvements figuratifs innés. pour preuve, le feu est de cette nature, que les mouvements extérieurs et innés sont d'une seule et même sorte ; de sorte que l'altération de l'un cause une dissolution de l'autre ; c'est-à-dire que le Feu perd la Propriété du Feu et n'est plus le Feu. D'un autre côté, les mouvements figuratifs extérieurs de l'eau peuvent changer et se remplacer, sans aucune perturbation de la nature innée : mais, bien que l'altération des mouvements figuratifs innés de toutes les créatures, doive nécessairement altérer la vie et la connaissance de cette créature. ; pourtant il peut y avoir de telles motions cohérentes parmi les

Parties extérieures de certaines sortes de créatures, qu'elles garderont leur forme extérieure : comme par exemple, un arbre qui est coupé, ou en morceaux, quand ces morceaux sont flétris, et, comme on dit, morts ; pourtant, ils restent de la Figure de Bois. De plus, une bête morte ne modifie pas la figure de chair ou d'os, actuellement. Aussi, un Homme mort ne se dissout pas actuellement de la Figure de l'Homme ; et certains, par l'art de l'embaumement, occasionneront la continuation des mouvements figuratifs restants de l'homme mort, de sorte que ces sortes de mouvements, qui sont le cadre et la forme, ne sont pas tout à fait altérés : mais pourtant, ces formes extérieures sont tellement altérées , qu'ils ne sont pas tels que ceux par lesquels nous nommons un *homme vivant* . La même chose de Flyes, ou similaire, tomb'd dans *l'ambre* : mais par cela nous pouvons percevoir, que les mouvements figuratifs innés peuvent être tout à fait modifiés, et pourtant les mouvements figuratifs extérieurs cohérents, ne, d'une certaine manière, garder dans la figure , forme ou cadre de leur société. La vérité est, (à mon avis) que toutes les parties qui restent non dissoutes ont tout à fait modifié leurs actions animales ; mais seules les actions cohérentes, de la forme de leur société, restent, de manière à avoir une ressemblance de leur cadre ou forme.

TYPE. VIII. Du MOUVEMENT LOCAL.

Tout mouvement corporel est *local* ; mais seulement ce sont des mouvements locaux différents : et certaines sortes ou genres ont l'avantage sur d'autres, et certains ont du pouvoir sur les autres, comme, en quelque sorte, pour les forcer à modifier leurs mouvements figuratifs ; comme par exemple, Quand une Créature en détruit une autre, ceux qui sont les *Destructeurs* , occasionnent ceux que nous nommons les *Détruits* , à dissoudre leur Unité, et à altérer leurs actions : car, ils ne peuvent anéantir leurs actions ; ils ne peuvent pas non plus donner ou enlever le Pouvoir des mouvements du Soi ; mais, comme je l'ai dit, certains mouvements corporels peuvent occasionner à d'autres mouvements corporels de mouvoir tel ou tel mouvement. Mais ceci est à remarquer, Que plusieurs sortes de Créatures ont un mélange de plusieurs sortes de mouvements Figuratifs ; comme par exemple, il y a des poissons volants et des bêtes nageuses ; aussi, il y a des créatures qui sont en partie des bêtes, et en partie des poissons, comme *des loutres* , et bien d'autres ; aussi, une *mule* est en partie un cheval et un âne ; un *Batt* est en partie une souris et un oiseau; un *hibou* est en partie un chat et un oiseau ; et il y a de nombreuses autres créatures, qui sont en partie d'une sorte et en partie d'une autre.

TYPE. IX. De plusieurs manières, ou manières d'Avantages, ou d'Inconvénients.

Non seulement la manière, la forme, le cadre ou la forme de créatures particulières ; mais aussi, la régularité ou l'irrégularité des mouvements corporels de créatures particulières, cause ce que l'homme nomme *force* ou *faiblesse, obéissance* ou *désobéissance* , *avantages* ou *inconvénients* du pouvoir et de l'autorité, ou autres semblables : comme par exemple, un plus grand nombre dominera a lesse: car, bien qu'il n'y ait pas de différences (comme n'étant pas de degrés) de force propre parmi les parties automotrices, ou mouvements corporels; pourtant, il peut y avoir des compositions ou des associations plus fortes et plus faibles ; et un plus grand nombre de mouvements corporels, fait un parti plus fort : mais, si le plus grand parti est irrégulier, et le moindre parti est régulier, cent contre un, mais le parti le plus faible est victorieux. Aussi, la manière des mouvements corporels; car, un mouvement de plongée peut prendre le dessus sur un mouvement de natation ; et, dans certains cas, la Natation, la meilleure du Plongeon. Le saut peut avoir l'avantage sur la course ; et, dans d'autres cas, courir, sauter. De plus, Creeping peut avoir l'avantage sur Flying; et, dans d'autres cas, voler, ramper. Un Cross Motion peut avoir l'avantage sur une Straight ; et, dans d'autres cas, une Droite, sur une Croix. Ainsi peut-on dire des mouvements de rotation et de levage, des mouvements de contraction et de dilatation. Et beaucoup d'exemples semblables peuvent être eus ; mais, comme je l'ai souvent dit, il y a beaucoup d'avantages et d'inconvénients dans la manière et la manière de la forme composée et de la figure des créatures.

TYPE. X. Des actions de certaines sortes de créatures sur d'autres.

Certaines sortes de créatures sont plus actives extérieurement que d'autres sortes ; et d'autres plus intérieurement actifs ; certaines plus rares, d'autres plus denses, et ainsi de suite : aussi, certaines Créatures denses sont plus actives que les rares ; et quelques rares, sont plus actifs que d'autres sortes qui sont denses. Aussi, certaines Créatures qui sont rares, ont l'avantage de certaines qui sont denses ; et certains qui sont denses, sur quelques sortes qui sont rares ; quelques corps légers, sur quelques corps lourds ; et quelques corps lourds, sur quelques sortes de corps légers. Aussi, plusieurs sortes de mouvements extérieurs, de plusieurs sortes de créatures, ont des avantages et des inconvénients les uns des autres ; comme par exemple, les sources d'eau et d'air feront des passages et diviseront ainsi des roches dures et fortes. Et, de l'autre côté, une Paille divisera des Parties d'Eau ; et un petit Flye divisera les parties de l'air: mais, ne me méprenez pas, je veux dire qu'ils occasionnent la division des parties aérées ou aqueuses.

TYPE. XI. Des CORPS DE GLASSIE.

Il est impossible, comme je l'ai dit, de décrire les Mouvements Figuratifs Corporels Infinis : mais, parmi ces Créatures qui sont sujettes à la Perception Humaine, il y en a qui se ressemblent, et pourtant sont de Natures différentes ; comme par exemple, *Black Ebony* et *Black Marble* , ils sont tous les deux Glassie, lisses et noirs; pourtant, l'un est Pierre, l'autre Bois. De plus, il y a de nombreux corps lumineux et brillants, qui sont de natures différentes ; comme par exemple, le Métal est un Corps brillant et brillant ; et diverses sortes de pierres sont des corps brillants et brillants : aussi, l'eau claire est un corps brillant et brillant ; pourtant, le Métal et les Pierres sont des Minéraux, et l'Eau est un Elément. En effet, la plupart des corps sont d'une teinte vitreuse, ou, comme je puis dire, d'un teint ; comme on peut l'observer dans la plupart des Légumes ; ainsi que des peaux, des plumes, des écailles, etc.

Mais certains diront peut-être que la *vitrerie est faite par l'éclat de la lumière qui brille sur eux* .

Je réponds : Si c'est le cas, alors la Terre ordinaire aurait la même vitrerie : mais, nous percevons que la Terre apparaît terne dans le jour le plus clair du Soleil : par conséquent, ce n'est pas la Lumière, mais la nature de leurs propres Corps. En outre, chaque corps n'a pas une seule et même sorte de vitrerie, mais certaines sont très différentes : c'est vrai, certaines sortes de corps n'apparaissent pas vitreuses, ou brillantes, jusqu'à ce qu'elles soient polies : mais, comme pour ces sortes de corps brillants, qui apparaissent dans l'obscurité, il n'y en a pas beaucoup que nous apercevons, à part la Lune et les Étoiles ; mais pourtant il y en a, comme le Feu ; mais c'est un élément. Il y a aussi des Tayles de vers luisants, des yeux de chat, du bois pourri et d'autres comme des corps brillants.

TYPE. XII. Des métamorphoses ou transformations des animaux et des végétaux.

Il y a des Créatures qui ne peuvent pas être Métamorphosées : comme par exemple, les Animaux et les Végétaux, au moins, la plupart de ces espèces, par la raison qu'ils sont composés de beaucoup de Mouvements Figuratifs divers et différents ; et je comprends que *la Métamorphose* est un changement et une altération de la Forme Extérieure, mais non un changement ou une altération de la Nature Intérieure ou Intellectuelle : et comment peut-il y avoir un changement général de la Forme Extérieure ou de la Forme d'une Créature Humaine, ou telle comme Animal, quand les différents Mouvements Figuratifs de ses différentes Compositions, sont, pour la plupart, ignorants les uns des autres Actions particulières ? De plus, comme les animaux et les légumes exigent des diplômes

de temps pour leurs Productions, comme aussi, pour leurs Perfections ; ainsi, un certain temps est requis pour leurs altérations: mais, une altération soudaine parmi différents mouvements figuratifs, causerait une telle confusion, qu'elle causerait une dissolution de toute la créature, *surtout* dans les actions qui ne sont pas naturelles, comme étant impropres à leur espèce, ou espèce : La même chose pour les Légumes, qui ont de nombreux Mouvements Figuratifs différents. Ceci considéré, je ne peux pas m'empêcher de me demander, que les sages devraient croire (comme certains le font) le changement ou la transformation des sorcières, en de nombreuses sortes de créatures.

TYPE. XIII. De la vie et de la mort de plusieurs créatures.

Ce que l'homme nomme *la vie* et *la mort* (qui sont des sortes de compositions et de divisions de parties de créatures) est très différent, dans différentes sortes et sortes de créatures, comme aussi, dans une seule et même sorte : comme par exemple, certaines Les légumes sont vieux et décrépits en un jour ; d'autres ne sont pas dans la Perfection, ou dans leur Prime, en moins de cent ans. La même chose peut être dite des espèces animales. Un *ver à soie* naît à peine, mais se teint ; alors que d'autres Animaux peuvent vivre cent ans. Quant aux minéraux, l'étain et le plomb semblent d'une courte vie à l'or ; comme un ver à un éléphant, ou une tulipe à un chêne pour durer ; et il est probable que les diverses productions des planètes et des étoiles fixes peuvent être bien plus durables que les parties d'or plus durables qu'une mouche : car, si une créature composée produisait un million d'années, ou des millions d'années en se dissolvant, ce n'était rien pour l'éternité : mais, ces mouvements produits qui font les végétaux, les minéraux, les éléments, etc., le philosophe le plus subtil, ou chymiste, dans la nature, ne peut jamais percevoir ou découvrir ; parce que la perception humaine n'est pas assez subtile pour percevoir ce que l'homme appelle les productions naturelles : car, bien que tous les mouvements corporels dans la nature soient perceptifs ; cependant, chaque Partie Perceptive ne perçoit pas toutes les actions de la Nature : car, bien que chaque Mouvement Corporel différent, est une Perception différente ; pourtant, il y a plus d'Objets que n'importe quelle Créature ne peut percevoir : aussi, chaque genre particulier ou sorte de Créatures, a des Perceptions différentes, occasionnées par le Cadre et la Forme de leurs Compositions, ou les unités de leurs Parties : De même que les Perceptions des Animaux, ne sont pas comme les perceptions des légumes ; ni les Végétaux, comme les Perceptions des Minéraux ; ni les Minéraux, comme les Perceptions des Eléments : Car, bien que tous ces divers genres et sortes, soyez perspicaces ; pourtant, pas d'après une seule et même manière, ou manière de Perception : mais, comme il y a une variété infinie de Mouvements Corporels, il y a donc des variétés infinies de Perceptions : car, la Matière Infinie qui se meut par elle-même, a des variétés infinies d'Actions. Mais, pour en revenir au Discours des Productions et Dissolutions des Créatures ; La raison pour laquelle certaines créatures durent plus longtemps que d'autres, c'est que certaines formes ou cadres de leur composition sont d'une figure plus durable. Mais ceci doit être observé, Que les Figures qui sont les plus solides, sont plus durables que celles qui sont plus molles et lâches : mais ne me méprenez pas ; Je dis, *pour la plupart*, ils sont plus durables. Aussi, ceci est à noter, que certaines compositions demandent plus de travail ; certains, plus de curiosité; et certains sont plus variés que d'autres.

TYPE. XIV. De CERCLES.

Un *cercle* est une figure ronde, sans fin ; quelle figure peut plus facilement et plus justement modifier la forme extérieure que toute autre figure. Par exemple, une ligne circulaire peut être tracée de plusieurs façons, en différentes et plusieurs sortes de figures, sans briser le cercle : aussi, elle peut être contractée ou étendue dans une boussole moins ou plus large ; et dessiné ou formé en plusieurs sortes de figures ou d'œuvres ; comme, dans un Carré, ou un Triangle, ou un Ovale, ou un Cylindre, ou comme plusieurs sortes de Fleurs, et ne jamais dissoudre la Ligne Circulaire. Mais ceci est à noter, qu'il peut y avoir plusieurs sortes de Lignes Circulaires ; comme, certains larges, certains étroits, certains ronds, certains plats, certains en lambeaux ou tordus, certains lisses, certains pointus, certains tranchants et nombres similaires ; et pourtant la boussole soit exactement ronde.

Mais certains peuvent dire que, *lorsqu'un cercle est dessiné en plusieurs œuvres, ce n'est pas un cercle : comme par exemple, lorsqu'un cercle est au carré, ce n'est pas un cercle, mais un carré.*

Je réponds : C'est un Cercle quadrillé, mais non un Cercle brisé ou divisé : car, la Nature Intérieure n'est pas dissoute, bien que la Figure Extérieure soit altérée : c'est un Cercle Naturel, bien qu'il doive être mis dans un Cercle Mathématique. Carré. Mais, pour conclure ce chapitre, je dis que toutes ces sortes de figures qui sont (comme les lignes circulaires) d'une seule pièce, peuvent changer et remplacer leurs figures extérieures, ou formes, sans aucune altération de leurs propriétés intérieures.

TYPE. XV. Les créatures humaines ne peuvent probablement pas traiter d'autres sortes de créatures comme les leurs.

Traiter des productions de végétaux, de minéraux et d'éléments n'est pas une tâche aussi facile que de traiter des animaux ; et, parmi les animaux, la tâche la plus facile est de traiter des productions humaines ; par la raison qu'une Créature Humaine peut plus probablement deviner la Nature de toutes les Créatures Humaines (étant de la même Nature) qu'il ne le peut d'autres sortes

d'autres sortes de créatures, qui sont d'une autre nature. Mais, ne me méprenez pas, je veux dire pas d'une autre nature, n'étant pas du même genre de créature, mais concernant les végétaux, les minéraux et les éléments. Les éléments peuvent être traités plus facilement que les deux autres sortes : car, bien qu'il y en ait de nombreuses sortes, au moins, de nombreux plusieurs détails ; pourtant, pas autant de plusieurs sortes, que de légumes : et bien que les minéraux ne soient pas, à ma connaissance, aussi nombreux que les légumes ; pourtant, ils sont de plus, ou du moins, d'autant de Sortes que d'Éléments. Mais, par raison que je suis ignorant, je ne donnerai que mon opinion sur les productions de quelques sortes; dans lequel, je crains, je découvrirai plutôt mon ignorance, que la vérité de leurs productions. Mais, j'espère que mes *lecteurs* ne trouveront pas à redire à mon effort, bien qu'ils puissent trouver à redire à ma petite expérience et à mon manque d'apprentissage.

LA DOUZIÈME PARTIE.

TYPE. I. De l'égalité des éléments.

Quant aux quatre éléments, *feu, air, eau* et *terre* ; ils subsistent, comme toutes les autres créatures, qui subsistent les unes par les autres : mais, à mon avis, il devrait y avoir une égalité des quatre éléments, pour équilibrer le monde : car, si une espèce surabondait, elle occasionnerait une telle irrégularité, cela causerait une Dissolution de ce Monde; comme, quand une certaine humeur particulière dans le corps de l'homme surabonde, ou qu'il y a une pénurie de certaines humeurs, cela cause de telles irrégularités, qui occasionnent souvent sa destruction. La même chose peut être dite des quatre éléments du monde : comme par exemple, s'il n'y avait pas une quantité suffisante d'air élémentaire, le feu élémentaire s'éteindrait ; et s'il n'y avait pas une quantité suffisante de Feu Élémentaire, l'Air corromprait : aussi, s'il n'y avait pas une quantité suffisante d'Eau Élémentaire, le Feu Élémentaire brûlerait la Terre ; et s'il n'y avait pas une quantité suffisante de Terre, il n'y aurait pas de Fondation solide et ferme pour les Créatures de la Terre : car, s'il n'y avait pas la Densité, aussi bien que la Rareté ; et la Lévitité, ainsi que la Gravité ; La nature se heurterait à Extreams.

TYPE. II. De plusieurs TEMPERS.

La chaleur ne fait pas la sécheresse : car il y a un *tempérament* de chaud et d'humide. Ni le froid ne fait pas la sécheresse : car il y a un *tempérament* de froid et d'humidité. La chaleur ne fait pas non plus l'humidité : car il y a un *tempérament* de chaud et de sec. Le froid ne fait pas non plus l'humidité : car il y a un *tempérament* de froid et de sec. Mais, telles ou telles sortes de mouvements figuratifs corporels, font du chaud, du froid, de l'humide, du sec ; Chaud et sec, chaud et humide ; Froid et sec, froid et humide ; et, comme ces mouvements figuratifs modifient leurs actions, ces *tempéraments* sont altérés : il en est de même dans toutes les créatures. Mais ceci doit être observé, qu'il y a des *tempéraments opposés ou contraires* , qui ont une ressemblance de mouvement : comme par exemple, une chaleur humide et un froid humide, ont une ressemblance ou une ressemblance d'humidité ;

et il en est de même dans les chaleurs et les froids secs : mais sûrement, la plupart des sortes d'humidités sont des sortes de mouvements dilatatifs ; et la plupart des Sécheresses, sont des sortes de Mouvements Contractifs : mais, il y a plusieurs sortes de Dilatations, Contractions, Rétentions, Expulsions, et ainsi de suite : car, il y a des Contractions Froides, des Contractions Chaudes ; Dilatations à froid, dilatations à chaud ; Rétentions chaudes, Rétentions froides ; et ainsi des digestions, des expulsions, etc. : Mais, comme je l'ai dit, les chaleurs humides et les froids humides semblent d'une nature dilatante ; comme sec, de nature contractive. Mais, tout froid et chaud, ou sec et humide, peuvent être faits par un seul et même mouvement corporel : car, bien que les actions puissent varier, les parties peuvent être les mêmes : oui, les mêmes actions peuvent être dans des parties différentes. Mais, aucune partie n'est liée à une action particulière, ayant une libre liberté d'auto-mouvement. Mais, en ce qui concerne le chaud et le froid, et les actions similaires, j'observe que la chaleur extrême et le froid extrême sont d'une puissance ou d'un degré similaire : je ne peux pas non plus percevoir les mouvements chauds comme étant plus rapides que le froid : pour l'eau, en peu quantité, gèlera aussi soudainement, que n'importe quel leight Fewel ou Straw, burn : et les animaux gèleront aussi tôt à mort, qu'être brûlés à mort : et le froid est aussi puissant aux pôles, que la chaleur dans la zone *torride* . Et il faut observer que le gel est aussi rapide et soudain que le dégel : mais parfois, voire très souvent, les mouvements froids et chauds se disputeront le pouvoir ; et certaines sortes de Hot, avec d'autres sortes. Les mêmes disputes sont parmi plusieurs sortes de motions froides ; Sec avec humide, sec avec sec, humide avec humide. Et les disputes semblables sont aussi souvent entre toutes les créatures. Quant à la densité, elle ne fait pas la gravité : car, il peut y avoir des corps denses qui ne sont pas graves ; comme par exemple, Plumes et Neige. La gravité ne fait pas non plus la densité : car une quantité d'air a un certain poids, et pourtant n'est pas dense. Mais ne me méprenez pas; car, je veux dire par *Grave, Lourd* ; et non pour les effets de la montée et de la descente : car les plumes, bien que denses, sont plus susceptibles de monter que de descendre ; et la neige, pour descendre. De plus, toutes sortes de fluidité, ne provoquent pas d'humidité, de liquide ou d'humidité ; ni toutes les Exténuations, ne causent la Lumière : mais, ce sont telles et telles sortes de Fluidités et d'Atténuations, qui causent tels et tels Effets. Et ainsi de suite pour les chaleurs, les rhumes, les sécheresses, les humidités, les raretés. Il en va de même pour les gravités, les lévitations, etc. Ainsi, les créatures sont rares, fluides, humides, mouillées, sèches, denses, dures, molles, légères, lourdes, etc., selon leurs mouvements figuratifs.

TYPE. III. Du changement et du rechange ; et de la division et de la liaison des parties des éléments.

De toutes les créatures soumises à la perception humaine, les éléments sont les plus susceptibles de se transformer, *à savoir*. changer et *rechanger* ; _ aussi, de *diviser* et *de lier* leurs parties, sans altérer leur nature et leur propriété innées. La raison en est que les mouvements figuratifs innés des éléments ne sont pas aussi différents que ceux des animaux et des végétaux, dont les compositions sont de nombreux mouvements figuratifs différents ; en tant que disjoignant aucune partie d'animaux ou de végétaux, ils ne peuvent être réunis à nouveau, comme ils l'étaient auparavant; au moins, ce n'est pas communément fait : mais, la nature et la propriété des éléments, c'est que chaque partie et particule sont d'un mouvement figuratif inné ; de sorte que le moindre grain de Poussière, ou la moindre goutte d'Eau, ou la moindre étincelle de Feu, est de la même Nature Innée, Propriété, et Mouvements Figuratifs, que l'Élément tout entier ; alors que, pour les animaux et les végétaux, presque, chaque partie et particule est d'un mouvement figuratif différent.

TYPE. IV. Des Mouvements Figuratifs Innés de la Terre.

Il existe de nombreuses sortes de *Terre* , mais toutes les sortes sont de la même espèce ; c'est-à-dire qu'ils sont tous de la Terre : mais (à mon avis) les principaux mouvements figuratifs de la Terre sont des cercles ; mais pas des Cercles dilatés, mais des Cercles contractés : ces Cercles ne sont pas non plus lisses, mais rugueux ; qui est la cause que la Terre est terne, ou sombre, et est facilement divisée en Parties poussiéreuses : car tous, ou du moins, la plupart des Corps qui sont lisses, sont plus enclins à se réjouir qu'à se diviser ; et avoir un Glassie Hew ou Teint; ce qui est occasionné par la douceur, et la douceur occasionnée par la régularité des Parties, étant sans Intervalles : mais, selon que ces sortes de Mouvements Circulaires sont plus ou moins contractés, et plus ou moins rugueux, ils causent plusieurs sortes de Terre.

TYPE. V. Des mouvements figuratifs de l'air.

Il y a plusieurs sortes d'*Airs* , comme il y en a d'autres Créatures, d'une seule et même espèce : mais, pour l'Air Élémentaire, il est composé de Mouvements Figuratifs très Rares ; et les mouvements innés, je conçois être un peu de la nature de l'eau, à savoir. Mouvements figuratifs circulaires, seulement d'une propriété plus dilatante ; ce qui fait que l'Air n'est pas Humide, mais extraordinairement Rare ; ce qui le fait à nouveau être quelque peu de la nature de la Lumière : car, la Rareté fait que l'Air est très pénétrant et pénétrant ; aussi, divisible et composable : mais, la rareté de l'air, est la cause qu'il n'est pas sujet à certaines sortes de perception humaine ; mais pourtant, pas si Rare, pour ne pas être sujet aux Respirations Humaines; qui est une sorte de perception humaine : car toutes les parties de toutes les créatures sont perceptives d'une manière ou d'une autre : mais, comme je l'ai dit, il y a plusieurs sortes d'air ; comme, certains froids, certains chauds ; certains secs, certains humides; certains Sharp; certains corrompus, certains purs, certains bruts ; et nombres plus: mais, beaucoup de ces sortes sont plutôt des vapeurs et des eaux métamorphosées, que de l'air élémentaire pur: car, l'air élémentaire pur, est, à mon avis, plus pénétrant et pénétrant que la lumière; par la raison, la lumière peut être plus facilement éclipsée ou stoppée ; quand l'Air fouillera chaque pore et chaque créature pour y entrer.

TYPE. VI. Du mouvement figuratif inné du feu.

Les Mouvements Figuratifs Innés du Feu Élémentaire semblent les plus difficiles à la Perception et à la Conception Humaines : car, par l'Agilité, il semble être plus pur que les autres sortes d'Éléments ; pourtant, par la Lumière, ou la Visibilité, il semble plus grossier que l'Air ; mais, par la propriété dilatante, il semble être plus rare que l'air, du moins aussi rare que l'air. Par la propriété vitreuse ou brillante, il semble être de parties lisses et égales : aussi, par la propriété perçante et blessante, le feu semble être composé de mouvements figuratifs pointus : c'est pourquoi, les mouvements figuratifs innés du feu sont purs. , Pointes Rares, Lisses, Aiguës, qui peuvent se mouvoir en Cercles, Carrés, Triangles, Parallèles, ou toutes autres sortes de Figures Extérieures, sans altération de sa Nature Intérieure ; comme on peut l'observer par plusieurs sortes de combustibles : comme aussi, il peut contracter et dilater ses parties, sans aucune altération de sa propriété innée.

TYPE. VII. Des productions du feu élémentaire.

Il faut observer que les points de feu sont plus nombreux et se propagent plus soudainement que tout autre élément ou toute autre créature soumise à la perception humaine. Mais, Étincelles de Feu, ressemblent aux Graines de Légumes, en ce que, comme les Légumes n'augmenteront pas dans toutes les sortes de Soyles, pareillement ; les points de feu non plus, dans toutes les sortes de carburant, pareillement. Et, comme les légumes produisent des effets différents dans plusieurs sojas ; ainsi fait le feu sur plusieurs combustibles : Comme par exemple, les graines de légumes ne produisent pas le même effet dans une récolte d'oiseaux, comme dans la terre : car, là, elles augmentent l'oiseau par digestion ; mais, dans le sol, ils augmentent leur propre issue (comme je puis dire) : ainsi le feu, dans certains combustibles, se détruit lui-même et occasionne une plus grande consommation du combustible ; quand, comme dans d'autres sortes de Combustibles, le Feu augmente extrêmement. Mais le Feu, comme toutes les autres Créatures, ne peut subsister par lui-même, mais doit avoir de la Nourriture et de la Respiration ; ce qui prouve que le Feu n'est pas un Mouvement Immatériel. De plus, le Feu a des Ennemis, aussi bien que des Amis ; et certains sont mortels, à savoir l'eau ou les liqueurs aqueuses. De plus, le Feu est forcé de se conformer aux Mouvements Figuratifs de ces Créatures auxquelles il est associé : car, tous les Combustibles ne brûleront pas, ou ne s'altéreront pas de la même manière.

TYPE. VIII. De FLAMME.

La flamme est la partie la plus rare du feu : et bien que le carburant de la flamme soit d'une substance vaporeuse et fumante ; pourtant sûrement, il y a des Flammes pures, qui sont des Feux parfaits : et, pour preuve, nous pouvons observer, Cette Flamme se dilatera et courra, pour ainsi dire, pour attraper Smoak : mais, quand le Smoak est au-dessus de la Flamme, s'il est plus haut que la Flamme ne peut s'étendre, elle se contracte vers le Corps de Feu. Mais la Flamme ressemble un peu à ce que nous nommons *Lumière Naturelle* : mais pourtant, à mon avis, la Lumière n'est pas la Flamme ; il n'a pas non plus de propriété ardente, bien que ce soit une sorte d'actions atténuantes ou dilatantes, comme la flamme en a.

TYPE. IX. Des deux sortes de Feu les plus différentes.

Il y a plusieurs sortes de feux : mais deux sortes sont les plus opposées ; c'est-à-dire le Feu Chaud, Rougeoyant, Brûlant, Brillant, Brillant ; et cette sorte de feu, nous l'appelons un *feu mort et terne* ; comme, les feux de vitriol, les feux cordiaux, les feux corrosifs, les feux fiévreux, et de nombreuses autres sortes ; et chaque sorte de plusieurs, a plusieurs propriétés : comme par exemple, il y a une plus grande différence entre la propriété ardente d'Oyl, et

la propriété ardente du vitriol : car, Oyl n'est ni extérieurement chaud, ni brûlant ; tandis que le vitriol est extérieurement brûlant, mais pas extérieurement chaud : mais, la différence de ces sortes de feux, c'est que les actions du feu élémentaire sont de monter plutôt que de descendre : et le feu terne et mort est plutôt susceptible de descendez, que montez; c'est-à-dire de percer ou de se dilater, soit vers le haut, soit vers le bas : mais, ils sont tous deux de Nature Dilatante et Divisante. Mais ceci est à noter, que toutes sortes de chaleurs, ou chaleurs, ne sont pas du feu. Il convient également de noter que tous les feux ne brillent pas.

TYPE. X. Des feux morts ou sourds.

Des *feux sourds et morts* , certaines sortes semblent être d'une sorte mixte : comme par exemple, le vitriol, et autres, semblent être extérieurement, des mouvements figuratifs du feu ; et intérieurement, des mouvements figuratifs de l'eau, ou des liqueurs aqueuses : et Oyl est des mouvements figuratifs ardents, intérieurement ; et des mouvements figuratifs liquides, extérieurement ; qui est la cause que les Propriétés Ardentes d'Oyl ne peuvent pas être altérées, sans une Dissolution Totale de leurs Natures. Mais, ces sortes dont les mouvements figuratifs ardents sont extérieurs, comme n'étant pas leur nature innée, peuvent être séparés de ces autres mouvements naturels.

Des parties auxquelles ils ont été associés, sans altérer leur nature innée.

TYPE. XI. Des actions occasionnelles du feu.

Toutes les Créatures n'ont pas seulement des Mouvements figuratifs Innés qui les font être telle ou telle sorte de Créature ; mais, ils ont telles et telles actions, qui causent tels et tels effets : aussi, chaque Créature est occasionnée à des Actions particulières, par des Objets forrein ; plusieurs fois à des actions inappropriées, et parfois à des actions ruineuses, même à la dissolution de leur nature : Et, de toutes les créatures, le feu est le plus prêt à occasionner le plus de mal ; au moins, des désordres : car, là où il peut entrer, il manque rarement de causer un tel désordre, comme occasionne une ruine. La raison en est que la plupart des créatures sont poreuses : car toutes les créatures, subsistant les unes par les autres, doivent nécessairement avoir *une sortie* et *une régression* , étant composées de mouvements corporels intérieurs et extérieurs. Et le Feu, étant le Mouvement figuratif le plus net, est susceptible d'entrer dans les plus petits Pores.

Mais certains peuvent se demander *si le feu est lui-même poreux ?*

Je réponds : qu'ayant la Respiration, c'est une preuve suffisante qu'il est Poreux : car, le Feu teint s'il n'a pas d'Air.

Mais certains diront : *comment un point peut-il être poreux ?*

Je réponds qu'un point est composé de parties, et par conséquent peut très bien être poreux : car il n'y a pas de partie unique dans la nature, et par conséquent pas de point unique.

De plus, certains diront peut-être que *s'il y a des pores dans la nature, il peut y avoir du vide* .

Je réponds que, à mon avis, il n'y en a pas ; parce qu'il n'y a pas de Pores vides dans la Nature : des Pores signifiant seulement une *Sortie* et *une Régression* des Parties.

TYPE. XII. Le feu n'a pas la propriété de changer et de changer.

De toutes les créatures élémentaires, *le feu* est le moins sujet au changement : car, bien qu'il soit susceptible d'occasionner d'autres créatures à changer ; pourtant il garde près de ses propres Propriétés, et Actions propres : car, il ne peut pas changer, et se remplacer, comme l'Eau peut le faire. De plus, l'air naturel n'est pas susceptible de changer et de se remplacer, comme l'eau : car, bien qu'il puisse (comme tous les éléments) diviser et joindre ses parties, sans altérer la propriété de sa nature : cependant, il ne peut pas facilement altérer et altérer à nouveau , ses propriétés naturelles, comme l'eau peut. La vérité est que l'eau et le feu sont opposés dans toutes leurs propriétés : mais, comme le feu l'est, de tous les éléments, le plus éloigné de l'altération : ainsi l'eau est, de tous les éléments, le plus sujet à l'altération : car, tous les éléments circulaires Les chiffres sont susceptibles de variété.

TYPE. XIII. Des mouvements figuratifs innés de l'eau.

La nature de *l'eau* est rare, fluide, humide, liquide, mouillée, gluante et vitreuse. De même, l'eau est susceptible de diviser et d'unir ses parties, dont la plupart des propriétés sont causées par plusieurs sortes de dilatations ou d'atténuations : mais l'intérieur ou la figure innée de l'eau est une ligne circulaire. Mais pourtant, il faut observer qu'il y a plusieurs sortes d'eaux, comme il y a plusieurs sortes d'airs, de feux et de terres, et ainsi de toutes les créatures : car certaines eaux sont plus rares que d'autres, certaines plus léger, et un peu plus lourd; certains plus clairs et d'autres plus ternes; du sel, du piquant; certains amers, certains plus frais ou sucrés; certains ont des effets froids, d'autres des effets chauds : tout cela est causé par les divers mouvements figuratifs de plusieurs sortes d'eaux : mais, la nature de l'eau est telle, qu'elle peut facilement altérer, ou changer, et remplacer, et pourtant garder son intérieur. , ou Nature innée ou Figure. Mais il faut aussi observer que le cercle dilatant ou atténuant de l'eau est d'un degré moyen, comme entre deux extrémités.

TYPE. XIV. La nature ou la propriété de l'eau.

L'humidité, qui est la propriété intérieure ou innée, ou la nature de l'eau, est, à mon avis, causée par une sorte de dilatations ou d'atténuations. Comme, toutes les Sécheresses, ou Sécheresses, sont causées par certaines sortes de Contractions ; ainsi, toutes les humidités, les liqueurs et les humidifications, par des dilatations : cependant, ces atténuations ou dilatations qui causent l'humidification doivent être d'une sorte de dilatations qui sont propres à l'humidification ; *à savoir*. Une telle sorte d'atténuations, comme le sont les atténuations circulaires ; qui se dilatent ou s'atténuent en une dilatation douce et égale, du centre à la circonférence; quelles atténuations ou dilatations sont d'un degré moyen ; car autrement, la figure de l'eau pourrait être étendue au-delà du degré d'humidité ; ou, non étendu au degré d'humidité. Et il faut observer qu'il y a un tel degré qui cause seulement l'humidité, et un autre qui cause l'humidité, le troisième qui cause l'humidité : car, bien que l'humidité et la liquidité soient dans la voie de l'humidité ; pourtant, ils ne sont pas ce que nous nommons Humide : aussi, tout ce qui est Doux, ou Lisse, n'est pas Humide ; et tout ce qui est liquide, ou coulant, n'est pas non plus humide : car certaines sortes d'air sont liquides et coulant, mais pas humides : non, la flamme est liquide et coulant, mais pourtant tout à fait opposée à humide. La poussière coule, mais ni liquide ni humide, dans sa Nature. Et les cheveux et les plumes sont doux et lisses, mais ni liquides, ni humides. Mais, comme je l'ai dit, l'eau est d'une nature telle qu'elle a les propriétés de douce, lisse, humide, liquide et mouillée ; et est aussi de telles propriétés fluides, causées par une telle sorte de cercles atténuants qui sont d'un degré moyen ou moyen : mais pourtant, il y a plusieurs sortes de liqueurs et de liquides, comme nous pouvons le percevoir dans les fruits, les herbes et les comme: mais, toutes sortes de liquides et de liqueurs sont d'un type aqueux, bien que d'un type différent. Mais, comme je l'ai dit, toutes les choses qui sont Fluides ne sont pas Humides ; comme, le métal fondu, la flamme, la lumière, etc., sont fluides, mais non humides : et Smoak et Oyl sont d'une autre sorte de liquide, que l'eau, ou Juyce ; mais pourtant elles ne sont pas mouillées : et ce qui cause la différence des différentes sortes d'Eaux et de Liqueurs Eauuses, ce sont les différences des Lignes Circulaires aqueuses ; comme, certains sont tranchants, certains sont pointus, certains sont tordus, certains sont tressés, certains sont plats, certains sont ronds, certains ruff, certains lisses ; et ainsi après diverses formes ou figures : et pourtant ce sont des cercles parfaits, et de certains un tel degré d'atténuations ou de dilatations.

TYPE. XV. De l'altération du mouvement figuratif extérieur de l'eau.

Comme je l'ai dit autrefois, Les Mouvements Figuratifs de la Nature Innée de l'Eau, est une sorte d'Atténuant ; comme étant un cercle égal et lisse : qui est la cause L'eau est rare, fluide, humide, liquide et mouillée. Mais, les mouvements figuratifs extérieurs du cercle aqueux peuvent être tranchants, pointus, pointus, émoussés, plats, ronds, lisses, ruff ou similaires; qui peuvent être soit divisées, soit altérées, sans aucune altération de la nature ou de la propriété innée. et pourtant la nature de l'eau demeure.

TYPE. XVI. D'OYL et de VITRIOL.

Les mouvements figuratifs extérieurs d' *Oyl* ressemblent tellement à ceux de *l'eau* , qu'ils sont fluides, lisses, doux, humides et liquides, quoique pas parfaitement humides : mais les mouvements figuratifs intérieurs d'Oyl sont de cette sorte de feu. , que nous nommons un *Dull, Dead Fire* : et la différence entre *Salt Waters* ,

Vitriol ou similaire, et *Oyl* , c'est que les mouvements figuratifs extérieurs du *vitriol* et *des eaux salées* sont d'une sorte de feu ; tandis que ce sont les mouvements figuratifs intérieurs d'Oyl, ou similaires, qui sont de ces sortes de feu; et c'est la raison pour laquelle les mouvements ardents d'Oyl ne peuvent pas être altérés, comme le peuvent les mouvements ardents de *Vitriol* . Mais ceci est à noter, que bien que les mouvements figuratifs intérieurs d'Oyl soient d'une telle sorte de mouvements ardents; pourtant, pas seulement comme celles du *Vitriol* ; et ne brûlent pas, ne corrodent pas ou ne blessent pas, comme le sont *les vitriols, les corrosifs* , etc., car ceux-ci sont un peu plus de la nature des feux brillants que les oyls.

TYPE. XVII. Des eaux minérales et sulfureuses.

Dans les eaux *sulfureuses* et *minérales* , les mouvements corporels *sulfureux* et *minéraux sont extérieurs, et non intérieurs, comme les eaux salées : mais, il y a plusieurs sortes de telles eaux ;* aussi, certains sont occasionnellement, d'autres naturellement ainsi affectés : car, certaines eaux qui traversent des mines sulfureuses ou minérales, rassemblent, comme une pierre qui roule, certaines des parties détachées de gravier ou de sable ; qui, lorsqu'ils collent ou s'attachent à la pierre de Rowling ; ainsi ils font aux Eaux courantes; comme nous pouvons le percevoir par ces eaux qui jaillissent des terres de craie, d'argile ou de chaux, qui

ayez des teintures de chaux, de craie ou d'argile; et la même chose arrive aux minéraux. Mais, certains sont naturellement sulfureux ; comme par exemple, certaines sortes de bains chauds sont aussi naturellement sulfureux que l'eau de mer est salée : mais, tous ces effets des minéraux, des soufres, etc. Plan d'eau, sans aucune perturbation de la nature de l'eau ; comme cela peut être prouvé par l'eau salée, qui fera que la viande fraîche sera salée; et la viande salée fera que l'eau douce sera salée. Quant aux bains chauds, ceux-ci ont des mouvements figuratifs chauds, mais non brûlants : et la nature humide, liquide et mouillée de l'eau la rend apte à se réjouir et à se diviser en d'autres sortes de mouvements ; comme aussi, vers et depuis son propre genre.

TYPE. XVIII. La cause du flux et du reflux de la mer.

La nature de l'eau est de couler; de sorte que toutes sortes d'eaux couleront, si elles ne sont pas obstruées : mais ce n'est pas la nature de l'eau, de refluer. L'eau ne peut pas non plus couler au-delà de la puissance de sa quantité : car une petite eau ne coulera pas aussi loin qu'une grande. Mais, je ne veux pas dire par couler, la chute d'eau d'une Descente ; mais couler sur un niveau : car, comme je l'ai dit, toutes les eaux coulent naturellement, si elles ne sont pas obstruées ; mais, peu de sortes d'eau, outre l'eau de mer, refluent. Quant aux mouvements figuratifs extérieurs de l'eau, dans l'action de couler, ils sont un ovale, ou un demi-cercle, ou une demi-lune ; où les parties médianes de la demi-lune, ou cercle, sont plus pleines que les deux extrémités. De plus, la figure d'une demi-lune, ou d'un demi-cercle, est concave à l'intérieur et convexe à l'extérieur du cercle : mais, ces mouvements figuratifs, dans une grande quantité d'eau, sont grands et pleins, que nous nommons vagues . *de l'Eau* ; lesquelles vagues coulant rapidement les unes sur les autres, se pressent en avant, jusqu'à ce que le demi-cercle se divise: car, lorsque l'arc du demi-cercle est trop plié ou étiré, il se divise en le milieu, qui est le plus étendu: et lorsqu'un demi-cercle (qui est une vague entière d'eau) est divisé, les parties divisées retombent également de chaque côté des vagues qui coulent: ainsi, chaque vague se divisant, après cette manière, dans la pleine extension, elle provoque le mouvement de refluer, c'est-à-dire de refluer, comme il coulait vers l'avant : car, les parties divisées retombant et se rejoignant lorsqu'elles se rencontrent, forment la tête du demi-cercle, là où se trouvaient les extrémités du demi-cercle ; et le Convexe, où se trouvait le Concave; par cette action, les parties qui descendent deviennent les parties qui coulent. Et la raison pour laquelle il reflue et coule par degrés, c'est que les demi-cercles qui coulent demandent tant de temps pour être à leur plus grande extension. De plus, chaque vague, ou demi-cercle, ne se divise pas toutes en même temps, mais l'une après l'autre : car deux corps ne peuvent pas être au même endroit à un moment donné ; et jusqu'à ce que le second, le troisième, et ainsi de suite les autres, coulent jusqu'au premier, ils ne sont pas à leur pleine extension. Et ainsi la mer, ou un si grand corps d'eau, doit couler et refluer, comme étant sa nature à couler; et la figure qui coule, étant trop étendue, en s'efforçant de couler au-delà de sa puissance, provoque une division des parties étendues, qui est la cause du reflux.

Mais, si cette opinion est la mienne, être aussi probable que l'une des anciennes opinions concernant le flux et le reflux de la mer, je ne peux pas en juger : mais je ne me tromperais pas ; car l'écoulement de l'eau est proportionnel à sa quantité ; car, plus il coule loin, plus il est faible ou faible.

TYPE. XIX. DE DEBORDEMENTS.

Quant aux *débordements* , il y en a beaucoup ; et bien d'autres le seraient, si les eaux n'étaient pas entravées et obstruées par les inventions de l'homme. Mais, certains débordements sont très incertains et irréguliers ; d'autres, certains et réguliers, comme l'écoulement du *Nil* en *Égypte* : mais quant à la distance de temps de son écoulement, il peut provenir du lointain voyage de ces eaux qui coule : et, le temps de son reflux, peut être attribué à la grande Quantité d'Eau; de sorte que la grande quantité d'eau causera un temps plus ou moins long dans le flux ou le reflux ; et certainement les eaux sont aussi longues à s'écouler qu'à s'écouler.

Quant aux grandes marées, elles ne surviennent qu'à un moment où il y a un problème naturel d'une plus grande quantité d'eau : de sorte que les grandes marées ne sont qu'une fois par mois, et les marées uniques en tant d'heures : mais, à plusieurs reprises , peut rendre les marées plus ou moins pleines.

Quant aux doubles marées, elles sont occasionnées par la division irrégulière du demi-cercle ; comme, quand ils se divisent non pas de manière ordonnée, mais plus rapidement qu'ils ne devraient le faire de manière ordonnée; qui, retombant dans une foule, et étant, par ce moyen, obstrués, de sorte qu'ils ne peuvent pas avancer, ils sont obligés de couler, où ils ont reflué.

La raison pour laquelle les marées coulent à travers des ruisseaux d'eaux courantes, c'est que la marée est plus forte que le courant : mais, si le courant et les marées se traversent, alors la marée et le courant sont un peu comme des duellistes ensemble, qui font des passes et Passages pour leur commodité.

TYPE. XX. De la figure de la glace et de la neige.

Un Cercle peut non seulement s'étendre et se contracter sans se diviser ; mais peut se dessiner en plusieurs figures, comme des carrés ou des triangles : comme aussi, en beaucoup d'autres figures mélangées de carrés, de triangles, de cubes ou similaires ; étant en partie un, et en partie, un autre ; et de plusieurs autres manières, et de plusieurs manières ; c'est pourquoi l'eau peut apparaître dans de nombreuses postures de neige, de glace, de grêle, de givre, etc. : et, à mon avis, lorsque le cercle d'eau est triangulaire, c'est de la neige ; quand le Cercle est Carré, c'est de la Glace : quant à la Grêle, ce ne sont que de petits morceaux de Glace ; c'est-à-dire de petites Parties ou quelques

Gouttes d'Eau changées en Glace ; et ces plusieurs Parties se mouvant de plusieurs manières, font les Figures Extérieures, après plusieurs formes ; car, les grands corps de glace auront plusieurs formes différentes, occasionnées par plusieurs parties ou moins, et par les différentes postures de ces parties : mais, de telles figures, bien qu'elles soient de glace, ne sont pas encore les figures innées de glace. Il en va de même pour Snow. Mais la raison de ces opinions concernant les figures de la glace et de la neige est que la neige est plus légère que l'eau elle-même ; et Ice est plus lourd, au moins, aussi lourd. Et la raison pour laquelle Snow est si légère, c'est qu'une figure triangulaire n'a pas de poyse, étant une figure étrange ; alors qu'un carré est composé de lignes paires et égales, et juste d'un nombre de points, comme, deux à deux : mais, un triangle est deux à un. De plus, un cercle est une figure posée, comme étant égale dans tous les sens, du centre à la circonférence ; et de la circonférence au centre, toutes les lignes tracées vers un point. Mais, ne me méprenez pas; car je ne traite (concernant les figures de neige et de glace) que des figures qui font que l'eau est neige ou glace ; et non des figures extérieures de la neige et de la glace, qui sont occasionnées par l'ordre ou le désordre des parties adjacentes : car plusieurs parties de l'eau peuvent s'ordonner en plusieurs figures, qui ne concernent pas la nature de l'eau, car c'est de l'eau. , Neige ou Glace : Comme par exemple, Beaucoup d'hommes dans un combat, ou lors d'une cérémonie, se transforment en plusieurs figures ou formes ; lesquelles Figures ou Formes, ne concernent pas leur Nature Innée. Aussi, les plusieurs Figures ou Formes de plusieurs Maisons, ou plusieurs sortes de Bâtiments dans une Maison, ne concernent pas la Nature Innée des Matériaux. De même pour les figures extérieures de glace et de neige ; et par conséquent *les Microscopes* peuvent tromper l'Artiste, qui peut prendre l'Extérieur pour la Figure Intérieure ; mais il peut y avoir une grande différence entre eux.

TYPE. XXI. Du changement et du renouvellement de l'eau.

L'eau étant d'un mouvement figuratif circulaire, n'est, pour ainsi dire, qu'une partie, n'ayant pas de divisions ; et peut donc plus facilement se changer et se reformer en plusieurs postures, à savoir. dans la posture d'un triangle ou d'un carré ; ou peut être dilaté ou étendu dans une boussole plus grande, ou contracté dans une boussole moindre; quelle est la cause pour laquelle il peut se transformer en vapeur et en air vaporeux ; ou en Slime, ou en quelque Figure plus grossière : Par exemple, l'Eau peut s'étendre au-delà des degrés appropriés d'Eau, jusqu'au degré de Vapeur ; et le Cercle, s'étendant au-delà du degré d'un Cercle Vaporeux, s'étend dans un Air Vaporeux ; et si le Cercle Vaporeux Aérien est extrêmement étendu, il devient si petit qu'il devient un Bord aigu, et ainsi, dans une certaine mesure, à côté du Feu ; au moins, pour avoir un effet chaud : mais, s'il s'étend plus loin qu'un Bord, le Cercle se brise en Éclairs de Feu, comme la Foudre, qui est une Flamme qui coule : car, étant produit à partir de l'Eau, il a la propriété de Couler, ou ruissellement, comme l'eau a, comme nous pouvons le percevoir par les effets de quelques parties d'eau jetées sur un feu brillant ; car ces quelques gouttes d'Eau ne suffisent pas à éteindre le Feu, se dilatent si fort qu'elles se transforment en Flamme ; ou bien rendre le Feu plus vif et plus brillant : et comme le Cercle d'Eau peut être transformé en Vapeur, Air et Flamme, par Extension ; ainsi, il peut être transformé en neige, grêle ou glace, par contraction.

TYPE. XXIII. Du feu qui éteint l'eau ; et feu évaporant l'eau.

Il y a une telle Antipathie entre *l'Eau* et *le Feu* (je veux dire le Feu brillant brillant) qu'ils ne se rencontrent jamais Corps à Corps, mais le Feu risque de s'éteindre s'il y a une Quantité d'Eau suffisante. Mais il faut observer que ce n'est pas la véritable froideur de l'eau qui éteint le feu ; car, l'eau bouillante éteindra le feu : c'est pourquoi, c'est l'humidité qui éteint le feu ; cette humidité étouffe le feu, comme un homme qui se noie : car, l'eau n'étant pas propre à la respiration de l'homme, parce qu'elle est trop épaisse, l'étouffe et l'étouffe ; et il en est de même de l'Eau pour le Feu : car, bien que l'Air soit d'un tempérament propre à la Respiration, à la fois pour certaines espèces d'Animaux, comme l'Homme ; comme aussi, au Feu : cependant, l'Eau n'est pas : ce qui est le plus approprié pour d'autres sortes d'Animaux, à savoir, les Poissons ; comme aussi, pour certaines sortes d'animaux qui sont d'une espèce ou d'une sorte mixte, en partie poisson, et en partie chair : à laquelle sorte de créatures, l'air et l'eau sont tous deux également propres à leur respiration ; ou, leur Respiration égale à l'un ou l'autre : car certainement, toutes sortes de Créatures ont la Respiration, par la raison toutes les Créatures subsistent les unes par les autres ; Je dis, *les uns par les autres* , pas *les uns des autres* . Mais, il existe de nombreuses sortes et sortes de respirations; en ce qui concerne l'Eau et le Feu, bien qu'une quantité suffisante d'Eau, au Feu, étouffe, étouffe ou éteigne toujours la Vie du Feu, s'il est pratiqué Corps à Corps ; pourtant, lorsqu'il y a un autre Corps entre ces deux Corps, l'eau risque d'être infectée par la chaleur du Feu ; le Feu infectant d'abord le Corps à côté de lui; et ce Corps infectant l'Eau : par lequel Infection, l'Eau est consommée, soit par une Fièvre Hectique languissante ; ou, par une fièvre de Boyling qui fait rage ; et la vie de l'eau s'évapore.

TYPE. XXIII. Des liqueurs inflammables.

Il existe de nombreux corps de natures mixtes ; comme par exemple, le vin, et toutes les liqueurs fortes, sont en partie d'une nature aqueuse, et en partie d'une nature ardente ; mais, c'est de cette sorte que nous appelons un feu *mort* ou *terne* : mais, étant d'une nature si mixte, ils sont tous deux aptes à éteindre le feu brillant, comme aussi, aptes à brûler ou à flamber ; de sorte que ces sortes sont à la fois inflammables et éteignables. Mais, certains ont plus de la Nature ardente ; et d'autres plus de la Nature aquatique; et, par ces effets, nous pouvons percevoir que non seulement des mouvements figuratifs différents, mais opposés, s'accordent bien dans une société.

TYPE. XXIV. Du TONNERRE.

J'observe que tous les sons tempétueux ont quelques ressemblances avec l'écoulement des eaux, soit en grandes vagues agitées ; ou, lorsque les eaux coulent de manière à se briser en morceaux contre des rochers durs et escarpés; ou dévaler de grands Précipices, ou contre quelque Obstruction. Et le même son a les souffles du vent ou les claquements du tonnerre ; ce qui me fait penser que le tonnerre est occasionné par une discorde parmi certains cercles d'eau dans la région supérieure ; qui, se pressant et battant les uns sur les autres d'une manière confuse, causent un Son confus, par la raison que tous les Cercles sont Concaves à l'intérieur de l'Arc, et Convexes à l'extérieur ; qui est une figure creuse, bien qu'il n'y ait pas de vide : quelle figure creuse, provoque des répétitions et des réponses rapides ; quelles réponses et répétitions, nous nommons rebonds mais, les réponses ne sont pas des rebonds ; car, les rebonds sont des pressions et des réactions ; considérant que les répétitions sont sans pression, mais la réaction n'est pas : et, les réponses sont de plusieurs parties ; comme, une partie pour répondre à une autre.

Mais pour *le Tonnerre* , il est occasionné à la fois par des Pressions et des Réactions ; comme aussi, les réponses des cercles d'eau étendus, qui font une sorte ou une sorte de confusion, et ainsi un son confus, que nous nommons *horrible* ; et, selon leur Discorde, le Son est plus ou moins terrifiant, ou violent. Mais ceci est à noter, que comme *le tonnerre* est causé par des cercles non divisés ou brisés ; ainsi *la Foudre* est causée par des Cercles brisés ou divisés, qui s'étendent au-delà du Pouvoir de la Nature du Cercle d'Eau ; et lorsque le Cercle est extrêmement étendu, il se divise en une Ligne droite et devient une Flamme fluide.

TYPE. XXV. De vapeur, de fumée, de vent et de nuages.

La vapeur et *la fumée* sont toutes deux des corps fluides : mais la fumée est plus de la nature de l'huile que de l'eau ; et Vapeur plus de la Nature de l'Eau, qu'Oyl; ils sont divisibles : et peuvent être joints, comme d'autres éléments : aussi, ils sont d'une nature métamorphosante, comme pour changer et remplacer ; mais, lorsqu'ils sont métamorphosés en forme d'Air, cet Air est un Air grossier, et est, comme on dit, un Air corruptible. Quant à la vapeur, elle est susceptible de se transformer en vent : car, lorsqu'elle se raréfie au-delà de la nature de la vapeur, et non pas tant que dans la nature de l'air, elle se transforme en une sorte de vent. Je dis, en quelque sorte : et certainement, les Vents les plus forts sont faits des Vapeurs les plus grossières. Quant à Smoak, il est susceptible de se transformer en une sorte de Lightning ; Je dis, apt: car, Vapor et Smoak peuvent se transformer en de nombreuses sortes d'éléments métamorphosés. Quant au Vent, il procède soit de la Vapeur Raréfiée, soit de l'Air Contracté. Et il y a plusieurs sortes de vapeurs, de fumées et de vents ; toutes ces sortes de vapeurs et de fumées sont susceptibles de monter : mais le vent a une action plus horizontale. Quant aux Nuages, ils ne peuvent être composés d'un Air Naturel ; car l'air naturel est un corps trop rare pour faire des nuages. C'est pourquoi, les Nuages sont composés de Vapeur et de Fumée : car, lorsque la Vapeur et la Fumée montent haut sans transformation, elles se rassemblent en Nuages, certains plus hauts, d'autres plus bas, selon leur pureté : car, la sorte la plus pure (comme je puis dire pour l'expression -saké) monte le plus haut, comme étant le plus agile. Mais, concernant les mouvements figuratifs de vapeur et de fumée, ce sont des cercles ; mais des vents, ce sont des parties brisées de vapeurs circulaires : car, lorsque le cercle vaporeux s'étend au-delà de sa nature de vapeur, la circonférence du cercle se brise en parties perturbées ; et si les Parties sont petites, le vent est, dans notre perception, aigu, piquant et perçant : mais, si les Parties ne sont pas si petites, alors le vent est fort et pressant : mais le vent, étant la Vapeur raréfiée, est si semblable L'air, tel qu'il n'est pas perçu par la vue humaine, bien qu'il soit perçu par le toucher humain. Mais, comme il y a des vapeurs chaudes, des vapeurs froides, des vapeurs piquantes, des vapeurs humides, des vapeurs sèches, des vapeurs subtiles, etc. donc il y a de telles sortes de vents. Mais ne me méprenez pas, je vous prie, quand je dis que certaines sortes de vents sont des cercles brisés et perturbés, comme si je voulais dire, tels que ceux de la foudre : car ceux de la foudre s'étendent au-delà du degré de l'air ; et ceux des Vapeurs, ne sont pas étendus au degré de l'Air : aussi, ceux de la Foudre, ne sont pas perturbés ; et ceux du Vent, sont perturbés. Encore une fois, ceux de la Foudre coulent en Flux de Lignes lisses, petites et régulières ; ceux du Vent, en Parties et Fragments désordonnés.

TYPE. XXVI. Du VENT.

Le vent et *le feu* ont quelque ressemblance dans certaines de leurs actions particulières : comme par exemple, le vent et le feu s'efforcent de troubler d'autres créatures, occasionnant une séparation et une disjonction de parties. De plus, le vent est à la fois un ennemi et un ami du feu : car le vent, dans certaines sortes de ses actions, aidera le feu ; et dans d'autres actions, dissipe le Feu, non, le souffle : mais certainement, les puissantes Forces du Vent, ne procèdent pas tant de la Solidité, que de l'Agilité : car, les Mouvements doux, faibles, rapides, sont beaucoup plus puissants, que forts, Ralentis ; car, les Réponses rapides sont d'une grande Force, car elles ne permettent aucun temps de répit. Mais ceci doit être observé, que le vent a des effets d'eau : car, plus l'eau coule, plus elle est faible et faible : ainsi le vent, plus il souffle, plus il est faible et faible. Mais ceci doit être observé, Cela selon l'agilness ou la lenteur des mouvements corporels ; ou, selon le nombre; ou, selon la manière des compositions, ou joynings, ou divisions ; ou, selon la régularité ou l'irrégularité des mouvements figuratifs corporels, les effets le sont aussi.

TYPE. XXVII. De la lumière.

Eau, Air, Feu et Lumière ; sont toutes des créatures rares et fluides ; mais ils sont de différentes sortes de Raretés et de Fluités : et, bien que la Lumière semble être extrêmement Rare et Fluide ; cependant, la Lumière n'est pas aussi Rare et Fluide que l'Air pur, parce qu'elle est sujette à cette sorte de Perception Humaine que nous nommons *la Vue* ; mais pourtant, il n'est soumis à aucune des autres Perceptions : et, l'Air pur n'est soumis qu'à la Perception de la Respiration, qui semble être une Perception plus subtile que la Vue ; et cela m'amène à croire que l'air est plus rare et plus pur que la lumière : mais quoi qu'il en soit, je conçois les mouvements figuratifs de la lumière comme étant d'extraordinaires lignes régulières, lisses et agiles de mouvements corporels : mais, comme je l'ai déjà dit, il y a il y a plusieurs sortes de Lumières qui ne sont pas des Lumières Elémentales ; comme, les queues de vers luisants, les yeux de chat, le bois pourri, les arêtes de poisson et cette lumière humaine qui est faite dans les rêves, et d'autres lumières infinies, non soumises à notre perception : ce qui prouve que la lumière peut être sans chaleur. Mais, si la Lumière du Soleil, que nous nommons *Lumière Naturelle* , est naturellement chaude, cela peut être une dispute : car, bien des fois, la Nuit est plus chaude que le Jour.

TYPE. XXVIII. De l'obscurité.

Les mouvements figuratifs de *la lumière* et *des ténèbres* sont tout à fait opposés ; et les mouvements figuratifs des couleurs, sont comme un moyen entre les deux, étant en partie de la nature des deux : mais, comme les mouvements figuratifs de la lumière, à mon avis, sont des mouvements figuratifs rares, droits, égaux, réguliers et lisses : ceux de Les ténèbres sont inégales, ruff ou accidentées et plus denses. En effet, il y a autant de différence entre la Lumière et les Ténèbres qu'entre la Terre et l'Eau ; ou plutôt, entre l'Eau et le Feu ; parce que chacun est un Ennemi pour l'autre ; et, étant opposés, ils s'efforcent de se surpasser. Mais ceci doit être noté, Que les Ténèbres sont aussi visibles à la Perception Humaine que la Lumière ; bien que la nature des ténèbres soit d'obscurcir tous les autres objets en dehors d'elle-même : mais, si les ténèbres pouvaient

ne pas être perçu, l'Optick Perception ne peut pas savoir quand il fait noir ; bien plus, des mouvements figuratifs sombres particuliers sont aussi visibles dans une lumière générale que n'importe quel autre objet ; ce qui ne pourrait pas être, si les ténèbres n'étaient qu'une privation de lumière, comme le sont les opinions de nombreux savants : mais, comme je l'ai déjà dit, les ténèbres sont d'un mouvement figuratif tout à fait différent de la lumière ; si différent, qu'il est juste opposé : car, comme la propriété de la Lumière est de divulguer des Objets ; ainsi, la propriété des Ténèbres est de les obscurcir : mais, ne me méprenez pas ; Je veux dire que la Lumière et les Ténèbres ont de telles propriétés pour notre Perception : mais, qu'il en soit ainsi pour toutes les Perceptions, c'est plus que ce que j'en sais, ou est, comme je le crois, connu de toute autre Créature Humaine.

TYPE. XXIX. De COULEURS.

Quant à *la Couleur* , il en est de même du Corps : car assurément, il n'y a rien de tel dans la Nature, qu'un Corps incolore, fût-il aussi petit qu'un Atome ; ni rien de tel qu'un corps sans figure; ou une chose telle qu'un corps sans lieu : de sorte que la matière, la couleur, la figure et le lieu ne sont qu'une seule chose, comme un seul et même corps : mais la matière, étant elle-même en mouvement, cause des variétés d'actions figuratives, par divers changements. Quant aux Couleurs, ce ne sont que quelques Mouvements Corporels Figuratifs ; et comme il y a plusieurs sortes de Créatures, ainsi il y a plusieurs sortes de Couleurs : mais, comme il y en a, l'Homme nomme des Créatures Artificielles ; il y a donc des couleurs artificielles. Mais, bien que décrire les diverses espèces de toutes les diverses sortes de couleurs, soit impossible ; cependant nous pouvons observer qu'il y a plus de variété de couleurs parmi les végétaux et les animaux que parmi les minéraux et les éléments : car, bien que l'arc-en-ciel soit de plusieurs belles couleurs ; pourtant, l'arc-en-ciel n'a pas autant de variété que beaucoup de légumes ou d'animaux particuliers ; mais chaque couleur multiple est un mouvement figuratif multiple ; et plus les couleurs sont vives, plus les mouvements figuratifs sont lisses et uniformes. Et quant aux ombres de couleurs, elles sont causées lorsqu'une sorte de mouvements figuratifs est comme fondement : par exemple, si le mouvement figuratif fondamental est un soufflé profond, ou rouge, ou similaire, alors toutes les variations des autres couleurs ont une teinture. Mais, en bref, toutes les Ombres ont un fond d'une sorte de Mouvements Figuratifs sombres. Mais, les Opinions de beaucoup d'Hommes Savants, sont que toutes les Couleurs sont faites par les diverses Positions de la Lumière, et ne sont inhérentes à aucune Créature ; dont je ne suis pas l'opinion : car, s'il en était ainsi, chaque créature serait de plusieurs couleurs ; aucune créature ne produirait non plus d'après sa propre *espèce* : car un perroquet ne produirait pas un oiseau aussi beau qu'elle-même ; aucune Créature n'apparaîtrait non plus d'une seule et même Couleur, mais leur Couleur changerait selon les Positions de la Lumière ; et dans un jour sombre, à mon avis, tous les beaux oiseaux colorés apparaîtraient comme des corbeaux ; et de belles fleurs colorées, apparaissent comme l'herbe nommée Night-shade ; ce qui n'est pas le cas. Je ne dis pas que plusieurs Positions de la Lumière ne peuvent pas causer des Couleurs ; mais je dis, La Position de la Lumière n'est pas le Créateur de toutes les Couleurs ; car, *les Teinturiers* ne peuvent causer plusieurs Couleurs par les Positions de la Lumière.

TYPE. XXX. Des mouvements extérieurs des planètes.

Par les *mouvements extérieurs des planètes* , nous pouvons croire que leur forme extérieure est sphérique : car, il faut observer que toutes les actions extérieures sont selon leur forme extérieure : mais, par la raison, les végétaux et les minéraux n'ont pas de telles sortes de mouvements extérieurs. ou Actions, en tant qu'Animaux ; certains Hommes sont d'opinion, ils n'ont pas de Vie Sensible ; laquelle opinion procède d'une considération superficielle : ils ne croient pas non plus que les éléments sont sensibles, bien qu'ils perçoivent visiblement leurs mouvements progressifs ; et pourtant croient que toutes sortes d'animaux ont du sens, uniquement parce qu'ils ont des mouvements progressifs.

TYPE. XXXI. Du Soleil, des Planètes et des Saisons.

créatures élémentaires que l'homme nomme : mais l'homme, n'ayant pas une perception infinie, ne peut pas avoir une connaissance perceptive infinie : car, bien que la perception rationnelle soit plus subtile que le Sensible ; pourtant, les parties particulières ne peuvent pas percevoir beaucoup plus loin que les parties extérieures des objets : mais, le sens et la raison humains ne peuvent pas percevoir ce que sont le soleil, la lune et les étoiles ; comme, qu'il soit solide ou rare; ou si le Soleil est un Corps de Feu ; ou la Lune, une masse d'eau ou la Terre ; ou, si les Etoiles Fixes sont toutes plusieurs Soleils ; ou, s'il s'agit d'autres sortes ou sortes de Mondes. Mais assurément, toutes les Créatures subsistent les unes par les autres, car la Nature semble être un Corps uni Infini, sans *Vide* . Quant aux diverses saisons de l'année, elles sont divisées en quatre parties : mais les divers changements et tempéraments des quatre saisons sont si divers, altérant chaque instant, que ce serait un travail sans fin, voire impossible, pour une seule créature. jouer : car, bien que les *faiseurs d'almanachs* prétendent connaître d'avance toutes les variations des éléments ; pourtant, ils ne peuvent rien dire de plus que ce qu'est la constante et les mouvements fixes ; mais pas les variations de chaque heure ou minute ; ils ne peuvent rien dire non plus, plus que leurs mouvements extérieurs.

TYPE. XXXII. De l'air corrompant les cadavres.

Certains sont d'avis *que l'air est un corrupteur, et donc un dissolvant de toutes les créatures mortes, et pourtant il est le sauveur de toutes les créatures vivantes.* Si c'est le cas, l'air a un pouvoir infini : mais, toute la raison que je peux percevoir pour cette opinion, c'est que l'homme perçoit que lorsqu'une chair crue (ou que nous nommons morte) est tenue à l'écart de l'air, elle *ne puera* pas . , ou corrompu, dès qu'il est dans l'air : mais pourtant il est bien connu, que l'air extrêmement froid empêchera la Chair de corrompre.

Une autre raison est qu'une mouche ensevelie dans *l'ambre* , étant tenue à l'écart de l'air, la mouche reste dans sa forme extérieure aussi parfaitement que si elle était vivante.

Je réponds que la cause en est peut-être que les mouvements figuratifs de *l'ambre* peuvent sympathiser avec les mouvements extérieurs cohérents de la mouche, ce qui peut faire que la forme extérieure de la mouche continue, bien que la nature innée soit altérée. Mais l'Air est, comme toutes les autres créatures, à la fois Bénéfique et Nuisible les unes pour les autres ; car la nature est composée d'opposés : car nous pouvons percevoir que plusieurs créatures sont à la fois bénéfiques et nuisibles les unes pour les autres : comme par exemple, un ours tue un homme ; et, de l'autre côté, un Ours

La peau guérira un homme d'une certaine maladie. De plus, un *Sanglier* tuera un Homme ; et la Chair de *Sanglier* nourrira un Homme. Le feu brûlera un homme et conservera un homme ; et des millions de tels exemples peuvent être proposés. La même chose peut être dite de l'air, qui peut occasionner du bien ou du mal à d'autres créatures ; comme, l' *ambre* peut occasionner la mort d'une mouche ; et, de l'autre côté, peut occasionner la conservation ou la continuation de la figure extérieure ou de la forme de la mouche : mais, la nature étant sans *vide* , toutes ses parties doivent être jointes ; et ses actions étant posées, il doit y avoir des actions à la fois sympathiques et antipathiques parmi toutes les créatures.

LA TREIZIÈME PARTIE.

TYPE. I. Des mouvements figuratifs innés des métaux.

Toutes les sortes de *Métaux* , à mon avis, sont de quelques sortes de Mouvements Circulaires ; mais pas comme cette sorte, c'est-à-dire l'Eau : car le Cercle d'Eau s'étend vers l'extérieur, à partir du Centre ; tandis que, à mon avis, le mouvement circulaire du métal, tire vers l'intérieur, de la circonférence. De plus, à mon avis, les mouvements circulaires sont denses, plats, tranchants, réguliers et lisses ; car, tous les corps brillants et vitreux sont lisses : et, bien que les bords soient des figures blessantes ; pourtant, les arêtes sont plutôt de la nature d'une ligne que d'un point. De plus, tous les mouvements qui tendent vers un centre sont plus fixes que ceux qui s'étendent vers une circonférence : mais, c'est selon le degré de leurs extensions, que ces créatures sont plus ou moins fixes ; ce qui fait que certaines sortes de métaux sont plus fixes que d'autres ; et cela fait que l'or est le plus fixe de toutes les autres sortes de métaux ; et semble être trop fort pour les effets du feu. Mais ceci est à noter, que certains métaux sont plus étroitement liés à une sorte, qu'à d'autres : comme par exemple, il n'y a pas de plomb, sans un peu d'argent ; de sorte que l'argent semble n'être qu'un plomb bien digéré. Et certainement, le cuivre a une relation proche avec l'or, bien qu'elle ne soit pas aussi proche que le plomb l'est avec l'argent.

TYPE. II. De la fonte des métaux.

Les métaux peuvent être amenés, par le feu, à relâcher leurs mouvements rétentifs, par lequel ils deviennent fluides ; et dès qu'ils sont quittes de leur Ennemi, *le Feu* , les Mouvements Figuratifs du Métal retournent à leur propre Ordre : et c'est la raison qui amène le Métal à fondre, c'est-à-dire à couler : mais pourtant, le Mouvement Flottant n'est que comme l'Extérieur, et non les actions Innées de : car, les actions de Fusion n'altèrent pas les actions Innées ; c'est-à-dire qu'ils ne changent pas de la nature d'être Métal : mais, si la Nature Extérieure est amenée, par l'Excès de ces actions Extérieures, à modifier leurs actions Rétentives, alors le Métal se tourne vers ce que nous nommons *Crasse* ; et autant le Métal perd de son poids, autant le Métal se dissout ; c'est-à-dire qu'une si grande partie de ces mouvements innés sont tout à fait altérés : mais l'or a une telle capacité de rétention innée que, bien que le feu puisse provoquer une altération extrême des actions extérieures ; pourtant, il ne peut pas modifier les mouvements intérieurs. Le semblable est de Quick-silver. Et pourtant l'Or n'est pas un Dieu, pour être Inaltérable, bien que l'homme ne connaisse pas le chemin, et le Feu n'a pas le pouvoir de modifier la Nature Innée de l'Or.

TYPE. III. De brûler, de fondre, de boyling et de s'évaporer.

La combustion, la fusion, l'ébullition et *l'évaporation* sont, pour la plupart, occasionnées par le feu, ou quelque peu c'est-à-dire, en effet, chaud : je dis, *occasionnées* , par la raison qu'elles ne sont pas les actions du feu, mais les actions de celles-ci. Des corps qui fondent, s'enflamment, s'évaporent ou brûlent ; qui, étant près du feu ou en contact avec le feu, sont amenés à le faire : comme par exemple, mettre plusieurs sortes de créatures ou de choses dans un feu, et elles ne brûleront pas de la même manière : car le cuir et le métal ne brûlent pas de la même manière ; car le Métal coule, et le Cuir se rétracte, et l'Eau s'évapore, et le Bois se convertit, pour ainsi dire, en Feu ; ce que d'autres choses ne font pas ; ce qui prouve que toutes les parties agissent par leurs propres actions. Car quoique quelques mouvements corporels puissent occasionner à d'autres mouvements corporels d'agir de telle ou telle manière ; pourtant, une Partie ne peut pas avoir le mouvement d'une autre Partie, parce que la Matière ne peut ni donner ni prendre de mouvement.

TYPE. IV. De Pierre.

Tous les Minéraux semblent être des sortes de mouvements denses et rétentifs : mais pourtant, ces sortes de mouvements denses et rétentifs semblent être de plusieurs sortes ; qui est la cause de plusieurs sortes de Minéraux, et de plusieurs sortes de Pierres et de Métaux. De plus, chaque espèce a plusieurs sortes de propriétés : mais, à mon avis, certaines sortes sont causées par des contractions et des rétentions à chaud ; d'autres, par des contractions froides et des rétentions ; comme aussi, par des Densations Chaudes ou Froides : et la raison pour laquelle je le crois, c'est que j'observe que beaucoup de Pierres Artificielles sont produites par la Chaleur : mais la Glace, qui n'est qu'au premier Degré d'une Densité Froide, semble un peu comme transparente Des pierres; de sorte que plusieurs sortes de pierres sont produites par plusieurs sortes de contractions et de densations froides et chaudes.

TYPE. V. Du LOADSTONE.

Quant à l' *aimant* , il n'est pas plus merveilleux pour attirer le fer que la beauté, qui attire admirablement la perception optique des créatures humaines : et qui sait, mais l'air du nord et du sud peut être l'air le plus approprié pour la respiration de l' *aimant* ; et que le fer peut être la nourriture la plus appropriée pour lui. Mais, pour la raison qu'il y a eu tant d'hommes savants perplexes dans leurs opinions concernant les divers effets de l' *aimant* , je n'ose pas m'aventurer à traiter de la nature et des effets naturels de ce minéral ; je n'en ai pas non plus eu beaucoup d'expérience: mais j'observe que le fer et certaines sortes de pierre sont presque alliés; car, il n'y a de fer que ce qui croît, ou s'entremêle et s'unit en quelques sortes de pierre, comme ce que nous appelons *pierre de fer* . Il n'est donc pas étonnant que l' *aimant* et le fer soient susceptibles de s'embrasser.

TYPE. VI. Des corps, aptes à monter ou descendre.

Il y a tant de causes diverses qui font que certaines sortes de créatures sont susceptibles de *monter* , et d'autres de *descendre* , qu'elles ne sont ni connues ni conçues par une seule créature finie : car ce n'est pas la rareté ou la densité qui cause la légèreté. et Gravité ; mais, le cadre ou la forme de la forme extérieure d'une créature, ou ses parties. Comme par exemple : Un flocon de neige est aussi rare qu'une plume duveteuse ; pourtant, la Plume est susceptible de monter, et le Flocon de Neige de descendre. Aussi la Poussière, qui est dure et dense, est susceptible de monter ; et l'Eau, qui est douce et rare, est plus apte à descendre. Encore une fois, un oiseau, qui est à la fois une créature plus grande et plus dense de beaucoup, qu'un petit ver; pourtant, un oiseau peut s'envoler dans les airs, alors qu'un ver léger ne peut pas s'élever, ou voler, n'ayant pas une telle sorte de forme. De plus, un grand navire lourd, aussi grand qu'une maison ordinaire, chargé de fer, nagera sur la face de l'eau ; quand comme une petite balle, pas plus grosse qu'un *Hasle-Nut* , coulera au fond de la mer. Un grand oiseau corsé s'envolera dans les airs ; quand comme un petit ver se trouve sur la terre, avec une sorte de rampement lent, et ne peut pas monter. Tout ce qui est causé par la manière de leurs formes, et non par la gravité et la légèreté.

TYPE. VII. Pourquoi les corps lourds descendent avec plus de force que les corps légers ne montent.

Bien que la forme de la forme de plusieurs créatures soit la principale cause de leur *ascension* et de *leur descente* ; pourtant, la gravité et la légèreté occasionnent plus ou moins d'agilité : car un corps lourd descend avec plus de force qu'un corps léger ne monte ; et la raison en est que non seulement il peut y avoir plus de parties dans un corps lourd qu'un corps lourd. Leight ; mais que, dans une descente, tous les mouvements corporels semblent se presser les uns sur les autres ; qui double et triple la force, le poids et la force, comme nous pouvons le voir dans la montée et la descente du vol des oiseaux, en particulier des faucons ; dont, le poids du corps est un obstacle à l'ascension, mais un avantage à la descente : mais pourtant, la forme de l'oiseau a un avantage par le poids, de telle sorte que le poids ne gêne pas tellement la Ascension, car elle assiste la Descente.

TYPE. VIII. De plusieurs sortes de densités et de raretés, de gravités et de légèretés.

Il existe différentes sortes de densités et de raretés, de douceur et de dureté, de légèretés et de gravités : comme par exemple, la densité de la Terre n'est pas comme la densité de la Pierre ; ni la densité de la Pierre, comme la densité du Métal : et toutes les Parties de la Terre ne sont pas denses de la même manière ; ni toutes les Pierres, ni tous les Métaux ; comme nous pouvons le voir dans l'argile, le sable, la craie et la chaux. De plus, nous pouvons percevoir une différence entre le plomb, le Tynne, le cuivre, le fer, l'argent et l'or ; et entre le marbre, l'alabâtre, la pierre de mur, les diamants, les cristaux, etc., et il y a tant de différence entre une seule et même espèce, que certains détails d'une sorte ressembleront plus à une autre sorte qu'aux leurs : quant à par exemple, l'or et les diamants se ressemblent mutuellement, plus que le plomb ne ressemble à l'or ; ou Diamants, Cristal ; Je dis, dans leurs Densités. De plus, il y a une grande différence de rareté, de gravité et de légèreté de plusieurs sortes d'eaux et de plusieurs sortes d'air.

TYPE. IX. De LÉGUMES.

Les légumes sont de nombreuses sortes, et toutes sortes de natures très différentes : comme par exemple, certains sont des cordiaux revivifiants ; d'autres, Deadly Poyson; certains sont purgateurs, d'autres nourrissants : certains ont des effets chauds, d'autres froids ; certains secs, certains humides; certains portent des fruits, certains ne portent pas de fruits ; certains paraissent toute l'année Jeunes ; d'autres n'apparaissent qu'une partie de l'année jeune et une partie vieille ; certains sont de nombreuses années à produire; d'autres sont produits en quelques heures ; certains dureront plusieurs centaines d'années; d'autres se décomposeront en quelques heures : certains semblent teindre une partie de l'année, et revivre à nouveau dans une autre partie de l'année : certains pourrissent et se consument dans la Terre, après un tel temps ; et continuera dans la perfection, s'il est séparé de la Terre. D'autres dépériront et se décomposeront dès qu'ils seront séparés de la Terre. Certains sont d'une Nature dense, d'autres d'une Nature rare ; certains poussent profondément dans la Terre; d'autres poussent haut hors de la Terre; certains ne produiront que dans des sols secs, d'autres dans des sols humides : d'autres ne produiront que dans de l'eau, comme on peut s'en apercevoir à certains étangs ; d'autres sur les maisons de brique ou de pierre. De plus, certains poussent à partir de Stone; car, de nombreuses pierres auront une mousse verte : certaines sont produites en semant leur graine dans la terre ; d'autres, en mettant leurs Racines, ou Glissements, dans la Terre ; d'autres encore, en greffant ou greffant une Plante sur une autre : de sorte qu'il y a une grande variété de Végétaux, et ceux de Natures si différentes, qu'ils ne sont pas seulement des Sortes différentes, mais sont une variété d'effets d'une seule et même sorte; et cela ne demande pas seulement l'étude d'une Créature Humaine, ou de plusieurs Créatures Humaines ; mais, de toutes les créatures humaines de toutes les nations et de toutes les époques, de les connaître ; c'est pourquoi ceux qui ont écrit sur la nature des herbes, des fleurs, des racines et des fruits peuvent se tromper beaucoup. Mais moi, vivant plus constamment dans mon étude que dans mon jardin, je n'oserai pas traiter beaucoup des natures particulières et des effets naturels des végétaux.

TYPE. X. De la production des légumes.

Il n'est pas étonnant que certaines sortes de *végétaux* soient produits à partir de pierre ou de brique (comme certains qui poussent sur le toit des maisons) en raison du fait que la brique est faite de terre et que la pierre est générée dans les entrailles de la terre ; ce qui montre qu'ils sont d'une Nature ou d'une Substance Terrestre. Il n'est pas non plus étonnant que des végétaux poussent sur certaines sortes d'eau, car certaines sortes d'eaux peuvent être mélangées à certaines parties de la terre. Mais, j'ai été informé de manière crédible, qu'un homme dont la jambe avait été coupée, et

une graine d'avoine étant tombée dans la plaie par hasard, l'avoine a germé en un brin d'herbe verte: ce qui prouve que des légumes peuvent être produits dans plusieurs sojas. Mais il est probable que bien que de nombreuses sortes de légumes puissent germer, comme Barly dans l'eau ; pourtant, ils ne peuvent produire aucune progéniture de la même sorte ou espèce.

Mais, mes Pensées sont, à ce présent, dans quelque dispute ; comme, si la terre est une partie de la production de légumes, comme étant l'obtenteur ? ou, si la Terre n'est que des Parties de la Respiration, et non des Parties de la Production ; et donc, plutôt des parties respiratoires, que des parties reproductrices, comme de l'eau pour les poissons ?

Mais, s'il en est ainsi, alors chaque semence particulière doit croître, non seulement par une simple transformation de ses parties en la première forme de production ; mais, par division de leurs parties unies, doit produire beaucoup d'autres sociétés du même genre ; comme Ordres Religieux, où un Couvent se divise en plusieurs Couvents du même Ordre ; ce qui occasionne une augmentation nombreuse. Ainsi les diverses parties d'une graine peuvent se diviser en plusieurs graines de la même espèce, comme étant de la même *espèce* ; mais alors, chaque Partie de cette Semence doit être augmentée de Parties supplémentaires ; qui doivent être, par Parties Nourrissantes : lesquelles Parties Nourrissantes sont, selon toute vraisemblance, des Parties Terreuses ; ou, au moins, en partie de parties terrestres ; et en partie, de quelques-unes des autres parties élémentaires : mais, comme je l'ai souvent dit, toutes les créatures de la nature sont assistées et subsistent les unes par les autres.

TYPE. XI. De replanter des légumes.

La replantation de légumes , à plusieurs reprises, occasionne de grandes altérations ; dans la mesure où un légume, en replantant souvent, sera tellement altéré, qu'il apparaîtra d'une autre sorte de légume : la raison en est que plusieurs sortes, ou parties de sojas, peuvent occasionner d'autres sortes d'actions et d'ordres, dans un et la même Société. Mais ceci est à noter dans la vie de beaucoup d'animaux, que plusieurs sortes de nourriture font de grandes altérations dans leur tempérament et leur forme ; bien qu'ils ne modifient pas leurs espèces, mais de manière à les faire paraître pires ou meilleurs: mais cela est plus visible parmi les créatures humaines, que certaines sortes de nourriture rendront faibles, malades, évanouis, maigres, pâles, vieux et flétris. : d'autres sortes d'aliments les rendront forts et sains, gras, blonds, lisses et vermeils. Ainsi, certaines sortes de soja rendront certains légumes plus gros, plus brillants, plus lisses, plus sucrés et de couleurs plus variées et plus glorieuses.

TYPE. XII. Des Choses Artificielles.

Les Choses Artificielles sont des Mouvements Figuratifs Corporels Naturels : car toutes les Choses Artificielles sont produites par plusieurs Créatures produites. Mais, les différences de ces productions que nous nommons *naturelles* et *artificielles* , sont que les naturelles sont produites à partir des propres parties du producteur ; tandis que les Artificiels sont produits en composant, ou en mélangeant, ou en mélangeant plusieurs Parties Forrein ; et non aucune des parties particulières de leur société composée : car, les choses artificielles ne sont pas produites comme des animaux, des végétaux, des minéraux, ou similaires : mais seulement, ce sont certains mélanges séquentiels de certaines des parties divisées ou mortes, comme je l'ai dit. peut dire, des minéraux, des légumes, des éléments, etc. Mais ceci est à noter, que tous, ou du moins la plupart, ne sont que des copies et non des originaux.

Mais certains peuvent se demander *si les productions artificielles ont du sens, de la raison et de la perception ?*

Je réponds : Que si toutes les parties rationnelles et sensibles de la nature sont perceptives, et qu'aucune partie n'est sans perception ; alors toutes les Productions Artificielles sont Perceptives.

TYPE. XIII. De plusieurs sortes et sortes d'espèces.

Selon mon opinion, bien que les *espèces* de ce monde, et tous les divers types et sortes d' *espèces* de ce monde, continuent toujours; pourtant, les parties particulières d'une seule et même espèce ou sorte d' *espèces* ne continuent pas : car les parties particulières changent perpétuellement leurs actions figuratives. Mais, par la raison, certaines parties se composent ou s'unissent, ainsi que certaines parties se dissolvent ou se désunissent ; toutes sortes et toutes sortes d' *Espèces* , dureront et doivent durer aussi longtemps que dure la Nature. Mais ne me méprenez pas, je veux dire ces genres et sortes d' *espèces* que nous nommons naturelles, c'est-à-dire les espèces fondamentales ; mais pas de telles *Espèces* , comme nous les nommons Artificielles.

TYPE. XIV. De différents MONDES.

Il est probable que si la nature est infinie, il y a plusieurs espèces et sortes de ces espèces, sociétés ou créatures que nous nommons *mondes* ; qui peuvent être si différents du cadre, de la forme, des espèces et des propriétés de ce monde et des créatures de ce monde, qu'ils ne ressemblent en rien à ce monde ou aux créatures de ce monde. Mais ne me méprenez pas, je ne veux pas dire, pas comme ce Monde, car il est Matériel et Automoteur ; mais, pas de la même espèce, ou propriétés : comme par exemple, qu'ils n'ont pas un tel genre de créatures, ou leurs propriétés, comme la lumière, l'obscurité, la chaleur, le froid, le sec, l'humide, le doux, le dur, le léger, le lourd et pareil.

Mais certains peuvent dire, *c'est impossible : car, il ne peut y avoir de monde, mais il doit être clair ou obscur, chaud ou froid, sec ou humide, doux ou dur, lourd ou léger ; et autres* .

Je réponds que, bien que ces effets puissent être généralement bénéfiques à la plupart des créatures de ce monde ; pourtant, pas à toutes les parties du monde : comme par exemple, quoique la lumière soit bénéfique aux yeux des animaux ; pourtant, à aucune autre partie d'une créature animale. Et, bien que les ténèbres obstruent les yeux des animaux ; pourtant, à aucune autre partie d'une créature animale. De plus, l'air n'est pas un objet propre à aucune des parties humaines, mais la respiration. Ainsi, le froid et la chaleur ne sont des objets appropriés pour aucune partie d'une créature humaine, mais seulement les pores, qui sont les organes du toucher. On peut en dire autant du dur et du mou, du sec et de l'humide : et puisque ce ne sont pas des actions fondamentales de la nature, mais particulières, je ne puis croire qu'il puisse y avoir de tels mondes ou créatures qui n'aient aucun usage de la lumière, Ténèbres, etc. : car, si certaines parties de ce monde n'en ont pas besoin, et si aucune voie ne leur est bénéfique, (comme je l'ai prouvé autrefois), un monde entier peut sûrement exister et subsister sans elles : car ces propriétés, bien qu'elles peut convenir à la forme ou à l'espèce de ce monde ; pourtant, ils peuvent ne pas être des manières appropriées pour les Espèces d'un autre genre ou sorte de Monde : comme par exemple, Les Propriétés d'une Créature Humaine sont tout à fait différentes des autres genres de Créatures ; les semblables peuvent être de différents Mondes : mais, dans tous les Mondes Matériels, il y a des Parties qui se meuvent d'elles-mêmes, ce qui est la cause pour laquelle elles se réjouissent, s'unissent et se composent ; auto-division ou dissolution; auto-régularités et auto-irrégularités : aussi, il y a la Perception parmi les Parties ou les Créatures de la Nature ; et quels que soient les mondes ou les créatures dans la nature, ils ont le sens et la raison, la vie et la connaissance : mais, pour la lumière et les ténèbres, le chaud et le froid, le doux et le dur, le léger et le lourd, le sec et l'humide, etc. ce ne sont que des actions particulières d'espèces corporelles particulières, ou de créatures, qui sont finies et non infinies : et certainement, il peut y avoir, dans la nature, d'autres mondes aussi pleins de variétés, et aussi glorieux et beaux que ce monde ; et sont, et peuvent être plus glorieux ou beaux, comme aussi, plus pleins de variété que ce Monde, et cependant être tout à fait différents en toutes sortes et sortes, de ce Monde : car, ceci est à noter, Que les différentes sortes et les sortes d'Espèces ou de Créatures ne font pas des Particularités plus ou moins parfaites, mais selon leur espèce. Et une chose que je désire, Que mes *Lecteurs* ne se méprennent pas sur mon sens, quand je dis, *Les Parties se dissolvent* : car, je ne veux pas dire que la Matière se dissout ; mais que leurs Sociétés particulières se dissolvent.

APPENDICE AUX BASES
DE LA PHILOSOPHIE NATURELLE.

La première partie.

TYPE. I. Qu'il puisse y avoir une Substance, cela n'est pas un Corps.

Quelle *substance* , qui n'est pas *un corps* , peut être (comme je l'écris dans le premier chapitre de ce livre), je ne peux l'imaginer ; ni qu'il y ait quoi que ce soit entre *quelque chose* et *rien* .

Mais certains diront peut-être *que les Substances Spirituelles le sont* . Je réponds : Que les Esprits doivent être soit Matériels, soit Immatériels : car, il est impossible qu'une chose soit entre le Corps et aucun Corps.

D'autres peuvent dire, *il peut y avoir une substance, qui n'est pas une substance naturelle ; mais, une sorte de Substance qui est bien plus pure que la Substance Naturelle la plus pure* .

Je réponds : Si elle n'était jamais si pure, elle serait dans la Liste ou le Cercle du Corps : et certainement, la Substance la plus pure, doit avoir les Propriétés du Corps, comme, être divisible, et capable d'être unie et composée ; et étant divisible et composable, elle aurait les mêmes propriétés que les parties plus grossières : mais, s'il y avait une différence, certainement la substance la plus pure serait plus apte à se diviser et à s'unir, ou à se composer, que la sorte plus grossière. Mais, quant à ces sortes de substances, que quelques savants ont imaginées ; à mon avis, ce ne sont que la même sorte de substance que le vulgaire appelle les *Pensées* , et que je nomme les *Parties Rationnelles* ; qui, sans aucun doute, sont aussi véritablement corps que les parties les plus grossières de la nature : mais, la plupart des créatures humaines sont si troublées par les pensées de dissolution et de désunion, qu'elles transforment les fantaisies et les imaginations en esprits ou substances spirituelles ; comme si toutes les autres parties de leurs corps devenaient des parties rationnelles ; c'est-à-dire que toutes leurs parties doivent se transformer en parties telles que les pensées, que je nomme les *parties rationnelles* . Mais cette opinion est impossible : car la nature ne peut altérer la nature d'aucune partie ; aucune partie ne peut non plus altérer sa propre nature ; les parties rationnelles ne peuvent pas non plus être séparées des parties sensibles et inanimées, parce que ces trois sortes ne constituent qu'un seul corps, en tant que parties d'un seul corps. Mais, mettez le cas que les parties rationnelles pourraient se diviser et subsister sans les parties sensibles et inanimées ; cependant, comme je l'ai dit, ils doivent nécessairement avoir les propriétés et la nature d'un corps, qui est, d'être divisible, et capable d'être uni, et ainsi d'être des parties : car, il est impossible qu'un corps, fût-il le le plus pur, pour être indivisible.

TYPE. II. D'un IMMATÉRIEL.

Je ne puis concevoir comment un Immatériel peut être dans la Nature : car, premièrement, Un Immatériel ne peut, à mon avis, être créé naturellement ; je ne peux pas non plus concevoir comment un Immatériel peut produire des Âmes Immatérielles particulières, des Esprits ou autres. Par conséquent, un Immatériel, à mon avis, doit être un Être incréé ; qui ne peut être autre que DIEU seul. C'est pourquoi, les esprits créés et les âmes spirituelles sont autre chose qu'un immatériel : car sûrement, s'il y avait d'autres êtres immatériels, en plus du Dieu tout-puissant, ceux-ci seraient si proches de l'essence divine de Dieu, qu'ils seraient de petits dieux ; et de nombreux petits dieux feraient presque la puissance d'un Dieu infini. Mais, Dieu est Omnipotent, et seulement Dieu.

TYPE. III. Si un immatériel est perceptible.

Tout ce qui est Corporel est Perceptible ; c'est-à-dire qu'il peut être perçu d'une manière ou d'une autre, parce qu'il a un être corporel : mais ce qu'un être immatériel a, aucun corporel ne peut le percevoir. Par conséquent, aucune partie de la nature ne peut percevoir un immatériel, car il est impossible d'avoir une perception de ce qui ne doit pas être perçu, comme n'étant pas un objet adapté et propre à la perception corporelle. En vérité, un Immatériel n'est pas un Objet, car il n'y a pas de Corps.

Mais certains diront peut-être qu'un *Corporel peut avoir une Conception, mais pas une Perception, d'un Immatériel* .

Je réponds qu'il y a assurément une notion innée de Dieu dans toutes les parties de la nature ; mais pas une connaissance parfaite : car s'il y en avait, il n'y aurait pas autant d'Opinions et de Religions, parmi une Espèce, ou plutôt, une sorte de Créatures, comme l'Humanité, comme il y en a ; de sorte qu'il n'y a que peu d'une seule et même opinion, ou religion : mais cependant, cette notion innée de Dieu, étant dans toutes les parties de la nature, Dieu est infiniment et éternellement adoré et adoré, quoique de plusieurs manières et voies ; pourtant, toutes les manières et tous les chemins sont réunis en un seul culte, parce que les parties de la nature sont réunies en un seul corps.

TYPE. IV. Des différences entre Dieu et la nature.

Dieu est un Créateur Éternel ; La nature, son éternelle créature. DIEU, Maître Éternel : La Nature, Servante Éternelle de DIEU. DIEU est un Être Immatériel Infini et Éternel : la Nature, un Être Corporel Infini. DIEU est Immuable et Immuable : Nature, Mobile et Mutable. DIEU est Éternel, Indivisible, et d'un Être Incomposable : la Nature, Éternellement Divisible et Compoundable. DIEU, Éternellement Parfait : Nature, Éternellement

Imparfaite. DIEU, Éternellement Inaltérable : Nature Éternellement Altérable. DIEU, sans Erreur : Nature, pleine d'Irrégularités. DIEU connaît exactement, ou parfaitement, la Nature : la Nature ne connaît pas parfaitement DIEU. DIEU est Infiniment et Éternellement adoré : La Nature est l'Éternelle et Infinie Adoratrice.

TYPE. V. Toutes les parties de la nature adorent Dieu.

Toutes les créatures (comme je l'ai dit) ont une notion innée de DIEU ; et comme ils ont une Notion de Dieu, ainsi ils ont une Notion d'adorer DIEU : mais, par la raison la Nature est composée de Parties ; ainsi est l'Adoration Infinie à Dieu : et, comme plusieurs Parties se divisent et s'unissent selon plusieurs sortes, sortes, manières et manières ; ainsi est leur adoration à DIEU : mais, les diverses manières et manières d'adorer, ne diminuent pas l'adoration à DIEU : car certainement, toutes les créatures adorent et adorent DIEU ; comme nous pouvons le percevoir par la Sainte Écriture, où il est dit : *Que les cieux, la terre et tout ce qui s'y trouve louent Dieu*. Mais il est probable que certaines des parties étant des créatures de la nature, peuvent avoir une notion plus complète de DIEU que d'autres ; ce qui peut rendre certaines créatures plus pieuses et plus dévotes que d'autres : mais l'irrégularité de la nature est la cause du péché.

TYPE. VI. Si les Décrets de DIEU sont limités.

A mon avis, bien que Dieu soit Inaltérable, pourtant aucune voie n'est bornée ou limitée : car, bien que les Décrets de DIEU soient fixes, pourtant, ils ne sont pas liés : mais, comme DIEU a une Connaissance Infinie, Il a aussi une Préscience Infinie ; et ainsi, connaît d'avance les actions de la nature, et ce qu'il lui plaira de décréter la nature à faire : de sorte que, DIEU sait ce que la nature peut agir, et ce qu'elle agira ; comme aussi, ce qu'il décrétera : et c'est la cause, que certaines créatures ou parties de la nature, en particulier l'homme, croient à la *prédestination*. Mais sûrement, DIEU a un Pouvoir Divin Tout-Puissant, qui n'est pas limité : car DIEU, étant au-dessus de la nature de la Nature, ne peut pas avoir les Actions de la Nature, parce que DIEU ne peut pas se faire non DIEU ; il ne peut pas non plus se faire plus que ce qu'il est, étant l'être tout-puissant, omnipotent, infini et éternel.

TYPE. VII. Des Décrets de DIEU concernant les Parties particulières de la Nature.

Bien que les parties de la nature aient le libre arbitre, de l'auto-mouvement ; pourtant, ils n'ont pas le Libre Arbitre de s'opposer aux *Décrets de DIEU* : car, si certaines Parties ne peuvent s'opposer à d'autres Parties, étant maîtrisées, il est probable que les Parties de la Nature ne peuvent pas s'opposer aux Décrets Tout-Puissants de *DIEU* . Mais, s'il plaît au *DIEU* Tout-Puissant de permettre aux Parties de la Nature d'agir à leur guise, selon leur propre Volonté naturelle ; et, à la condition, s'ils agissent ainsi, ils auront les récompenses que la nature peut être capable de recevoir ; ou telles punitions que la nature est capable de faire ; alors le *DIEU Omnipotent* ne prédestine pas ces Récompenses ou Punitions autrement que les Parties de la Nature ne causent par leurs propres Actions. Ainsi toutes les actions corporelles appartiennent à des parties corporelles ; mais, les Récompenses et Punitions, à *DIEU* seul : mais, ce que sont ces Punitions et Bénédictions, aucune Créature particulière n'est capable de savoir : car, bien qu'une Créature particulière sache qu'il y a un *DIEU* ; pourtant, pas ce que *DIEU* est : ainsi, bien que certaines Créatures sachent qu'il y a des Récompenses et des Punitions ; pourtant, pas ce que sont ces récompenses et punitions. Mais ne me méprenez pas; car je veux dire les récompenses générales et les châtiments pour toutes les créatures : mais il est probable que *Dieu* pourrait décréter la nature et ses parties, pour créer d'autres sortes de mondes, en plus de ce monde ; de quels Mondes, cela peut être aussi ignorant, qu'une Créature Humaine particulière l'est de *DIEU* . Et par conséquent, il n'est pas probable (puisque nous ne pouvons pas connaître toutes les Parties de la Nature, dont nous faisons partie) que nous devrions connaître les Décrets de *DIEU* , ou les manières et manières d'Adorer, parmi toutes sortes et sortes de Créatures.

TYPE. VIII. Des Dix Commandements.

À mon avis, les notions que l'homme a des *commandements de DIEU* concernant leur comportement et leurs actions envers lui-même et leurs semblables sont les mêmes que celles que Moïse a écrites et présentées à tous ceux dont il était le chef et le gouverneur. Mais, ne me méprenez pas, je veux dire seulement les *Dix Commandements* ; lesquels Commandements sont une Règle suffisante pour toutes les Créatures Humaines : et certainement, *DIEU* avait décrété que Moïse devait être un Homme sage, et devait publier ces sages Commandements. Mais, l'Interprétation de la Loi doit être telle, qu'elle n'en fasse pas une telle Loi : mais, par la raison que la Nature est autant Irrégulière, que Régulière, les Notions Humaines sont aussi Irrégulières, autant que Régulières ; ce qui cause une grande variété de Religions : et leurs Actions étant aussi Irrégulières, est la cause que la pratique des Créatures Humaines est Irrégulière ; et cela occasionne des dévotions irrégulières, et est la cause du péché.

TYPE. IX. De plusieurs RELIGIONS.

Concernant *les diverses Religions*, et plusieurs Opinions dans les Religions, qui sont comme plusieurs Genres et Sortes ; La question est,

Toute l'Humanité pourrait-elle être persuadée d'être d'une seule Religion, ou Opinion ?

L'opinion de la partie mineure de mes pensées était que tous les hommes pouvaient être persuadés.

Et, l'opinion de la majeure partie de mes pensées, était que la nature, étant divisible et composable, et ayant le libre arbitre, ainsi que l'auto-mouvement; et être Irrégulier, ainsi que Régulier ; comme aussi, Variable, se délectant de la variété ; il était impossible que toute l'Humanité soit d'une seule *Religion*, ou *Opinion*.

L'opinion de la partie mineure de mes Pensées, 246,$ était, Que la Grâce de DIEU pouvait persuader tous les Hommes d'une seule Opinion.

La majeure partie de mes Pensées était d'opinion, Que DIEU pouvait décréter ou ordonner la Nature : mais, pour changer la nature de la Nature, cela ne pouvait être fait, à moins que DIEU, par son Décret, n'anéantit cette Nature, et ne crée une autre Nature, et une telle nature. La nature n'était pas comme cette nature : car, c'est la nature de cette nature matérielle, d'être altérable ; comme aussi, être Irrégulier, ainsi que Régulier; et, étant régulier et irrégulier, était un sujet convenable et approprié pour la justice et les miséricordes de DIEU ; Punitions et récompenses.

TYPE. X. Des règles et des prescriptions.

Comme l'a dit Saint Paul, *Nous ne pouvions connaître le Péché que par la Loi* ; ainsi, nous ne pourrions pas savoir quelle punition nous pourrions ou devrions subir, mais par la loi ; non seulement la morale, mais la loi divine.

Mais, certains peuvent demander, *qu'est-ce que la loi?*

Je réponds : la loi est, des prescriptions et des règles limitées.

Mais, certains peuvent demander, *si toutes les créatures de la nature ont des prescriptions et des règles ?*

Je réponds : Que, pour toute chose que l'Homme peut savoir au contraire, toutes les Créatures peuvent avoir des Règles Naturelles : mais, chaque Créature peut choisir si elle suivra ces Règles ; Je veux dire, telles Règles qu'ils sont capables de suivre ou de pratiquer : car, plusieurs sortes et sortes de Créatures, ne peuvent pas suivre une seule et même Prescription et Règle. C'est pourquoi, les Prescriptions et Règles Divines doivent être, selon les sortes et les sortes de Créatures; et pourtant, toutes les créatures peuvent avoir une notion, et ainsi une adoration de Dieu, par la raison toutes les parties de la nature ont des notions de Dieu. Mais, concernant les Cultes particuliers, ceux-ci doivent être des Prescriptions et des Règles ; ou bien, ils sont selon la conception ou le choix de chaque créature particulière.

TYPE. XI. Les péchés et les châtiments sont matériels.

Comme tous les péchés sont matériels, les châtiments le sont aussi : car les créatures matérielles ne peuvent pas avoir de péchés immatériels ; les créatures matérielles ne peuvent pas non plus être capables de châtiments immatériels ; ce qui peut être prouvé par la Sainte Écriture : car, toutes les punitions qui sont déclarées être en enfer, sont des tortures matérielles : non, l'enfer lui-même est décrit comme étant matériel ; et non seulement l'Enfer, mais le Ciel, est décrit comme Matériel. Mais, si les anges et les démons sont matériels, cela n'est pas déclaré : car, bien qu'ils soient nommés esprits, nous ne savons pas si ces esprits sont immatériels. Mais, considérant que l'enfer et le paradis sont décrits comme étant

Matériel, il est probable, les esprits sont aussi matériels : non, notre bienheureux Sauveur Christ, qui est dans les cieux, avec Dieu le Père, a un corps matériel ; et dans ce Corps viendra assisté de toutes les Armées du Ciel, pour juger les vivants et les morts ; qui sont vives et mortes, les parties matérielles de la nature : qui ne pourraient être réellement jugées et punies que par un corps matériel, comme le Christ l'a fait. Mais, je vous prie de ne pas me tromper ; Je dis, ils ne pourraient pas être réellement jugés et punis ; c'est-à-dire, non selon la Nature, comme Actions Matérielles : car, je ne veux pas dire ici, Décrets Divins et Immatériels. Mais Christ, étant en partie Divin et en partie Naturel ; peut être à la fois un Juge Divin et Naturel.

TYPE. XII. De la Conscience Humaine.

Les notions humaines de DIEU, l'homme les appelle *conscience* : mais, parce que la nature est pleine de variétés, comme ayant des parties automotrices ; Les Créatures Humaines ont des Notions différentes, et donc des Consciences différentes, qui causent des Opinions et des Dévotions différentes : mais, la Nature étant autant composable que divisible, elle cause l'unité de certaines, comme aussi, des divisions d'autres Opinions, ce qui est la cause de plusieurs Religions : qui Religions, sont plusieurs Communautés et Divisions. Mais, quant à la Conscience et aux Saintes Notions, elles étant Naturelles, ne peuvent être altérées par la force, sans un Libre Arbitre : de sorte que les diverses Sociétés, ou Communiants, commettent une Erreur, sinon un Péché, en s'efforçant de contraindre leurs Frères à une Opinion particulière : et, pour prouver qu'il s'agit d'une Erreur, ou d'un Péché, plus les *Contraignants* sont sérieux, plus les *Contraints* résistent ; qui a été la cause de nombreux martyrs. Mais sûrement, tous les chrétiens devraient suivre l'exemple du Christ, qui était comme un agneau doux, pas un Lyon furieux : le Christ n'a pas non plus ordonné à ses apôtres de persécuter ; mais, souffrir patiemment la persécution. Par conséquent, *la liberté de conscience* peut être autorisée, sous condition, sans préjudice pour le gouvernement pacifique de l'État ou du royaume.

La seconde partie.

TYPE. I. S'il est possible qu'il puisse y avoir des mondes constitués uniquement des parties rationnelles, et d'autres uniquement des parties sensibles.

Les parties de mon esprit se sont disputées entre elles : *n'y aurait-il pas plusieurs sortes et sortes de mondes dans la nature infinie ?*

Et ils étaient tous d'accord, Qu'il pourrait probablement y avoir plusieurs sortes et sortes de Mondes.

Mais par la suite, l'opinion des parties majeures de mon esprit a été que ce n'est pas possible : car, bien que les parties rationnelles de la nature se meuvent librement, sans les fardeaux des parties inanimées ; cependant, étant des parties du même corps (c'est-à-dire du corps de la nature), elles ne pouvaient être séparées des parties sensibles et inanimées ; ni les Parties Sensibles et Inanimées, du Rationnel.

L'opinion des parties mineures de mon esprit était qu'un monde composé, de l'un ou l'autre degré, n'était pas une division du corps infini de la nature, bien qu'elles puissent se diviser au point de composer un monde simplement de leur propre degré.

L'opinion du major était que c'était impossible; parce que les trois Degrés, Rationnel, Sensible et Inanimé, étaient naturellement réunis en un seul Corps, ou Partie.

L'opinion du mineur était qu'un monde ne pouvait naturellement être composé que de parties rationnelles, comme un esprit humain n'est composé que de parties rationnelles ; ou, en tant que parties rationnelles d'une créature humaine, pourraient se composer en plusieurs formes, *à savoir.* en plusieurs sortes et genres de Mondes, sans l'assistance des Parties Sensibles ou Inanimées : car, ils imaginent des Mondes qui sont composés dans des Esprits Humains, sans l'assistance du Sensitif.

La Majorité a convenu, Que les Actions Corporelles Rationnelles, étaient libres ; et tous leurs architectes étaient de leur propre degré : mais pourtant, ils étaient si joyeux dans chaque partie et particule, pour le sensible et l'inanimé, qu'ils ne pouvaient pas se séparer de ces deux degrés : car, bien qu'ils puissent se diviser et s'unir, et aux particuliers, comme soit de leurs propres degrés, soit des autres degrés ; cependant, les Trois Degrés n'étant qu'un seul Corps uni, ils ne pouvaient pas se diviser de manière à ne pas être associés aux autres Degrés : car il était impossible à un Corps de se séparer de lui-même.

Après cet argument, il en suivit un autre ; *Que, si c'était possible, il pourrait y avoir un Monde composé uniquement des Parties Rationnelles, sans les deux autres Degrés ; Si ce monde serait un monde heureux ?*

L'opinion de la partie majeure était que, s'il était possible qu'il y ait de telles divisions contre nature, ces parties divisées seraient très malheureuses : car, les parties rationnelles seraient très insatisfaites sans les parties sensibles ; et le Sensible très terne sans le Rationnel : aussi, les Architectes Sensibles seraient très Irréguliers, voulant leurs Parties Concevoir, qui sont les Parties Rationnelles.

Sur quel argument, toutes les parties de mon esprit étaient d'accord dans cette opinion, que le sensible était si sociable au rationnel, et le rationnel si utile au sensible, et les parties inanimées si nécessaires aux architectes sensibles, qu'ils ne se diviseraient pas. l'un de l'autre, s'ils le pouvaient.

TYPE. II. Des mondes irréguliers et réguliers.

Certaines parties de mon esprit étaient d'avis *qu'il pourrait y avoir un monde composé uniquement d'irrégularités; et un autre, seulement des régularités : et quelques-uns, qui étaient en partie composés de l'un et de l'autre.*

L'opinion de la partie mineure était que tous les mondes étaient composés en partie de l'un et en partie de l'autre ; parce que toutes les actions de la nature étaient composées d'opposés ou de contraires : c'est pourquoi il ne pouvait y avoir un monde seulement d'irrégularités et un autre de régularités.

L'opinion de la majeure partie était que les actions de la nature étaient autant déterminées par les actions contraires de deux mondes que par les actions contraires des parties d'un monde ou d'une créature : comme par exemple, la paix et le trouble, la santé et la maladie. , douleur et facilité, et autres, d'une créature humaine ; et ainsi des Natures contraires de plusieurs espèces et sortes de Créatures d'un seul et même Monde.

Après quoi Discours, ils étaient généralement d'accord, Il pourrait y avoir des mondes réguliers et irréguliers ; la seule sorte d'être des mondes si heureux, qu'ils pourraient être nommés des mondes bénis; les autres Mondes si misérables, qu'on pourrait nommer Mondes Maudits.

TYPE. III. S'il y a sortie et régression entre les parties de plusieurs mondes.

Il a surgi un troisième argument, *à savoir. S'il était possible pour certaines des créatures de plusieurs mondes, de se déplacer, de manière à se déplacer hors d'un monde, dans un autre ?*

L'opinion de la majeure partie était qu'il était possible pour certaines créatures : car, si certaines créatures particulières pouvaient se déplacer partout dans le monde, dont elles faisaient partie, elles pourraient se séparer des parties du monde dont elles appartenaient et se réjouir avec les parties d'un autre monde.

L'opinion de la partie mineure était qu'ils pouvaient voyager partout dans le monde dont ils faisaient partie, mais pas pour se réjouir avec les parties d'un autre monde, auquel ils n'appartiennent pas.

L'opinion du major était que chaque partie et particule appartenait au corps infini de la nature, et par conséquent aucune partie ne pouvait être considérée comme faisant partie du corps infini ; et étant ainsi, alors chaque Partie de la Nature peut se réjouir, et se diviser de et vers des Parties particulières, comme il leur plaît, s'il n'y avait pas d'Obstructions et d'Entraves, et que certaines Parties n'obstruaient pas d'autres Parties. pourrait être la sortie et la régression parmi les parties particulières de plusieurs mondes.

L'opinion du mineur était que si cela pouvait être selon l'opinion du majeur, cela causerait une confusion infinie dans la nature infinie : car, chaque créature de chaque monde, était composée selon la nature et les compositions du monde dont elle était : c'est pourquoi , les Produits d'une espèce ou sorte de Mondes, ne seraient pas sutables, agréables et Réguliers, aux productions d'une autre espèce.

L'opinion de la partie majeure était que c'était impossible, puisque la nature est un corps uni, sans *vide* , mais que les parties de tous les mondes doivent avoir une sortie et une régression.

TYPE. IV. Si les parties d'une seule et même société pouvaient, après leur dissolution, se rencontrer et s'unir.

Le cinquième argument, était en partie du même sujet, *à savoir. Est-ce que les parties particulières d'une créature (telle qu'une créature humaine) pourraient voyager d'un monde à un autre, après la dissolution de sa vie humaine ?*

L'opinion de la majeure partie était qu'ils le pouvaient.

L'opinion du mineur était, ils ne pouvaient pas; parce que les parties particulières ainsi divisées et associées à d'autres parties et sociétés particulières, qu'il était impossible, s'ils voulaient, de s'entendre de manière à se séparer de ces parties et sociétés auxquelles ils sont associés, et de ceux avec lesquels ils doivent être associés. , de se rencontrer dans un autre Monde, et de se réjouir comme ils le feraient, dans la même Société dont ils faisaient partie, lorsque toute la Société est dissoute. Les parties ne peuvent pas non plus se diviser et se réjouir, comme elles le feraient : car, bien que les parties qui se meuvent elles-mêmes aient le libre arbitre de se mouvoir ; pourtant, étant soumis à des Obstructions, ils doivent se déplacer comme ils peuvent :

car, aucune Partie particulière n'a un Pouvoir absolu. C'est pourquoi, les parties dispersées d'une société dissoute ne peuvent se rencontrer et se réjouir comme elles le feraient. En outre, chaque partie est autant affectée à une sorte, à un genre ou à un particulier dont elle fait partie, qu'à une autre. En outre, la connaissance de chaque partie change, selon que leurs actions changent : de sorte que les parties d'une même société, après division, n'ont plus de connaissance de cette société.

TYPE. V. Si, si une créature était dissoute et pouvait s'unir à nouveau, ce serait la même chose.

Le Sixième Argument était, *que, mis le cas où il était possible que toutes les différentes Parties appartiennent à une seule et même Société ; comme par exemple, à une Créature Humaine, après que sa Vie Humaine ait été dissoute, et ses Parties dispersées, et après, toutes ces Parties se rencontrant et s'unissant ; Cette créature humaine serait-elle la même ?*

L'opinion de la partie mineure était qu'il ne pouvait pas s'agir de la même société : car chaque créature était selon la nature de son espèce ou espèce ; et ainsi selon la Forme et la Grandeur de l'un de leur Genre ou Sorte.

L'opinion de la majeure partie était que, bien que la nature de chaque créature particulière ait des formes, des formes et des propriétés telles qu'elles étaient naturelles à cette sorte de créatures dont elles étaient; pourtant, la Magnitude de Créatures particulières d'une seule et même espèce peut être très différente.

L'opinion de la partie mineure était que si toutes les parties d'une société, comme par exemple un homme, depuis le premier moment de sa production jusqu'au moment de sa dissolution, devaient, après la division, venir se rencontrer et s'unir ; cet homme, ou toute autre créature, serait une créature monstrueuse, car ayant plus de parties qu'il n'était agréable à la nature de son espèce.

L'opinion de la majeure partie était que, bien que la société, à savoir. L'HOMME, serait une Société d'une plus grande Magnitude ; pourtant, aucune manière différente de la nature de son espèce.

TYPE. VI. De la résurrection du genre humain.

Le septième argument était : *Toutes les parties particulières de chaque créature humaine, au moment de la résurrection, doivent-elles se rencontrer et se réjouir, comme faisant partie d'une seule et même société ?*

L'opinion de la partie mineure était, Ils ne le seront pas : car, si toutes ces parties qui avaient été du même corps et esprit d'un seul homme, depuis sa première production jusqu'à la dernière de sa dissolution ; ou, depuis sa naissance jusqu'au moment de sa mort, (en supposant qu'il ait vécu longtemps) devrait se rencontrer et se réjouir, comme une seule société, c'est-à-dire comme un seul homme ; que l'Homme, au moment de sa Résurrection, serait un Géant ; et si c'est le cas, alors les vieillards seraient des Gyants ; et jeunes enfants, nains.

L'opinion de la majeure partie était que, s'il n'en était pas ainsi, alors chaque société humaine particulière serait imparfaite au moment de sa résurrection : car, si elle ne devait s'élever qu'avec certaines de ses parties, comme (par exemple) lorsqu'elles étaient dans la force de leur âge, alors toutes ces parties qui avaient existé avant ou après cette époque seraient injustement traitées, surtout si l'homme était le meilleur produit de la nature. En outre, si un enfant mort ressuscitait un homme, comme à son âge le plus parfait, on ne pourrait pas dire qu'il ressuscite selon un homme naturel, ayant plus de parties qu'il n'en a jamais eu par nature ; et un vieil homme, moins de parties qu'il n'en a naturellement : ainsi, qu'en ajoutant et en diminuant les parties d'hommes particuliers, cela ne causerait pas seulement de l'injustice ; mais aucune créature humaine particulière ne serait la même qu'il était.

TYPE. VII. De la dissolution d'un monde.

Le Huitième Argument était, *Que lorsque toutes les Créatures Humaines qui ont été dissoutes, devraient se lever, Si le Monde dont elles étaient, ne devrait pas être dissous ?*

Toutes les parties de mon esprit ont convenu que lorsque toutes les créatures humaines qui avaient été dissoutes ressusciteraient, le monde entier, en plus d'eux-mêmes, devait également se dissoudre, parce qu'ils étaient des parties du monde : car, lorsque toutes ces nombreuses créatures dissoutes et les Parties dispersées, se rencontraient et se réjouissaient, le Monde manquant de ces Parties, ne pouvait pas subsister : car, le Cadre, la Forme et l'Uniformité du Monde consistaient en Parties ; et ces parties qui ont été du genre humain sont, à plusieurs reprises, d'autres sortes et sortes de créatures, comme d'autres sortes et sortes sont du genre humain ; et toutes les Sortes et Sortes, sont des Parties du Monde : de sorte que le Monde ne peut pas subsister, si n'importe quelle sorte ou sorte de Créatures, qui avaient été depuis le premier temps de la Création, devait être unie ; Je veux dire, en une seule et même espèce ou espèce de créatures ; comme ce serait le cas si tous ceux qui sont rapides et ceux qui ont été *dissous* (c'est-à-dire qui ont été morts) devaient être vivants en même temps.

TYPE. VIII. D'un nouveau ciel et d'une nouvelle terre.

Le Neuvième Argument était, *Que si un Monde pouvait être dissous, et que les Créatures Humaines devraient se lever et se réunir ; dans quel monde devraient-ils résider ?*

Toutes les Parties de mes Pensées étaient généralement d'accord, Que le DIEU Tout-Puissant ordonnerait aux Parties de Sa Servante NATURE, de composer pour elles d'autres Mondes, dans lesquels Mondes elles devraient être séparées ; le Bien devrait aller dans un Monde Béni ; le Mauvais, dans un Monde Maudit : et la Sainte Écriture déclare qu'il y aura un *Nouveau Ciel* et une *Nouvelle Terre* ; qui, à leur avis, était un paradis et un enfer, pour le genre humain béni et maudit de ce monde.

TYPE. IX. S'il y aura un ciel et un enfer matériels.

Le dixième argument était, *si le ciel et l'enfer qui doivent être produits pour les bienheureux et les maudits, seront matériels ?*

L'opinion de la partie mineure était qu'ils ne seraient pas importants.

Les parties majeures étaient d'avis qu'elles seraient matérielles, car toutes ces créatures qui se sont levées étaient matérielles ; et étant matériel, ne pouvait être sensible ni aux bénédictions ni aux punitions immatérielles : un monde immatériel ne pouvait pas non plus être une résidence convenable ou appropriée pour les corps matériels, s'ils étaient les corps de la substance la plus pure. Mais, que ce paradis matériel et cet enfer soient comme les autres mondes matériels, les parties de mon esprit ne pourraient pas s'entendre, et ainsi ne pas donner leur jugement. Mais, en cela, ils ont tous convenu que le ciel et l'enfer matériels n'auront pas d'autres créatures animales que celles qui étaient de l'espèce humaine et celles qui ne sont pas produites, mais ressuscitées de la mort.

Mais quand ils en vinrent à discuter, Qu'il y ait des Éléments, des Minéraux et des Végétaux, ils ne purent s'entendre ; mais certains ont argumenté et offert de prouver qu'il pourrait y avoir des mynes d'or et des rochers de diamants, de rubis et autres; tous qui, étaient des minéraux. Aussi, certains étaient d'avis, il y avait des éléments : car, les ténèbres et la lumière, sont des effets élémentaires : et, si l'enfer était un monde de ténèbres ; et le Ciel, un Monde de Lumière ; il était probable qu'il y avait des éléments.

TYPE. X. Concernant les Ioys ou Tourments des Bienheureux et Maudits, après qu'ils soient au Ciel, ou en Enfer.

Quant aux *Lois du Ciel* et aux *Tourments de l'Enfer*, toutes les Parties de mon Esprit étaient d'accord, elles ne pouvaient concevoir plus probablement que celles qu'elles avaient autrefois conçues : quelles Conceptions antérieures elles avaient occasionné aux Parties Sensibles de déclarer ; et ayant été autrefois divulguées dans le livre de mes *discours*, leur opinion était *que ce serait un travail superflu de les faire répéter dans ce livre.* Mais, la base ou le fondement de ces conceptions, est que Dieu peut décréter *que les parties sensibles et rationnelles de ceux qui sont restaurés à la vie doivent se mouvoir dans une variété de perceptions ou de conceptions, sans variété d'objets : et que ces créatures (c'est-à-dire les créatures humaines) qui sont ressuscitées de la mort à la vie doivent subsister sans aucune matière forrein, mais doivent toujours être les mêmes dans le corps et l'esprit, sans trafic, sortie ou régression des parties forrein* . Et la preuve, que les Parties Sensibles et Rationnelles des Créatures Humaines, peuvent faire des Perceptions, ou plutôt des Conceptions, sans Objets Forrein, c'est *que beaucoup d'hommes en ce monde ont eu des Conceptions, tant parmi les Rationnelles que parmi les Sensibles, que l'Homme nomme Visions, ou Imaginaires ; dont certains ont été agréables et délicieux ; d'autres, déplaisants et épouvantables* .

La troisième partie.

Le PREAMBULE.

Les parties de mon esprit, après quelque temps de répit des *arguments philosophiques* , se délectant de ces passe-temps inoffensifs ; a commencé à discuter d'un *monde régulier* et irrégulier ; ayant préalablement convenu, il pourrait y avoir de tels Mondes dans la Nature ; et que les Mondes Réguliers étaient des Mondes Heureux ; les mondes irréguliers et misérables. Mais, il y avait une certaine division parmi les parties de mon esprit, concernant le choix de leurs arguments ; comme, Que ce soit pour discuter, d'abord, des Parties particulières du Régulier, ou du Monde Irrégulier. Mais, enfin, ils ont accepté de discuter, d'abord, du Monde Régulier. Mais, je vous prie de ne pas vous méprendre sur ces arguments ; car ce ne sont pas des arguments de tels mondes qui sont pour la réception des humains bénis et maudits, après leurs résurrections : mais, tels que ces mondes dont nous sommes, seulement librement réguliers ou irréguliers. Aussi, bien que je ne traite que d'un Monde Régulier et d'un Monde Irrégulier ; pourtant, mon opinion est qu'il peut y avoir un grand nombre de mondes irréguliers, et un grand nombre de mondes réguliers, de plusieurs sortes et sortes : mais, ceux dont je vais parler, sont ceux qui ressemblent un peu à ce monde dont nous sommes.

TYPE. I. Des mondes heureux et misérables.

Le premier argument était, *s'il ne pourrait pas y avoir de tels mondes dans la nature, qui n'étaient en aucune sorte ou sorte comme ce monde dont nous sommes ?*

Ils ont tous convenu qu'il était probable qu'il y en ait eu.

Le deuxième argument était *de savoir s'il était probable que les mondes heureux et misérables étaient, en quelque sorte, comme celui dont nous sommes.*

Ils étaient tous d'accord, Il était probable que ce Monde ressemblait un peu à l'un et à l'autre ; et donc, les deux étaient un peu comme ceci : car, comme le *monde heureux* n'était pas irrégulier ; et le *Monde Misérable* n'a rien de Régulier : donc ce Monde dont nous sommes, était en partie Irrégulier, et en partie Régulier ; et c'était donc un *monde purgatoire* .

TYPE. II. S'il y a de telles sortes et sortes de créatures dans le monde heureux et béni, comme dans ce monde.

Le troisième argument était : *est-il probable que les mondes heureux et misérables aient des espèces animales, végétales, minérales et élémentaires ?*

Ils s'accordèrent à dire qu'il était probable qu'il y avait de tels genres : mais pourtant, ces genres, et des genres particuliers de ces genres, pourraient être différents de ceux de ce monde.

Le quatrième argument était, *s'il y avait des sortes humaines de créatures dans ces mondes.*

Ils étaient tous d'accord, Il y avait.

TYPE. III. Des naissances et des morts du monde céleste.

Le Cinquième Argument était, *S'il pouvait y avoir des Naissances et des Morts dans le Monde Heureux ?*

Certaines parties de mon esprit étaient d'avis que s'il y avait un monde si régulier qu'il n'y avait pas d'irrégularités en lui, il ne pouvait y avoir de *morts* : car la mort était une dissolution ; et s'il n'y avait pas de Mort, il ne pourrait y avoir ni Naissance, ni Production : car, si une espèce particulière de Créatures Croît, et ne se dissout jamais, elle deviendrait Infinie ; que chaque espèce ou sorte particulière de créatures peut être, pour le temps, et être éternelle ; comme aussi, être infini pour le nombre ; car, à mesure que certains se dissolvent, d'autres se produisent. Et ainsi, si certaines sortes ou sortes de créatures, soyez éternelles ; la Production et la Dissolution particulières, est Infinie : mais, si une Sorte, ou Genre, devait augmenter, sans diminuer, aucun Monde particulier ne pourrait les contenir : Comme par exemple, Si toutes les Créatures Humaines qui ont été produites à partir de notre Père *Adam* , (qui n'a pas été au-dessus de six mille ans) devrait être vivant, ce monde ne pourrait pas les contenir ; beaucoup moins, si ce monde et les espèces humaines de créatures avaient été d'une date plus ancienne. Et d'ailleurs, s'il devait y avoir un accroissement plus grand, du nombre des créatures humaines : en vérité, l'accroissement nombreux, aurait fait que l'humanité, dans l'espace de six mille ans, soit presque infinie.

Mais, les parties mineures de mon esprit étaient d'avis, qu'alors le *monde heureux* ne pourrait pas être si parfaitement régulier, s'il y avait la mort.

L'opinion de la majeure partie était que certaines sortes de décès étaient aussi réguliers que les naissances les plus régulières : car, bien que les maladies aient été causées par des actions irrégulières, cependant, la mort ne l'était pas : car, comme elle n'est pas irrégulière, être vieille ; il n'est donc pas Irrégulier, à teindre. Mais, cet Argument s'est interrompu pour cette fois.

TYPE. IV. Si ces créatures pourraient être nommées bienheureuses, qui sont sujettes à la teinture.

Le Sixième Argument était, *Si ces Créatures pouvaient être appelées* Bienheureuses, *ou Heureux, qui sont soumis à la teinture ?*

Les principales parties de mon esprit étaient d'avis que, si la mort était aussi exempte d'irrégularités que la naissance; alors il était aussi heureux de teindre que de naître.

Les parties mineures étaient d'avis, que bien que la dissolution puisse être aussi régulière que la composition; pourtant, c'était un malheur pour chaque société particulière d'être dissoute.

L'opinion de la majeure partie était que, bien que les sociétés particulières aient été dissoutes; pourtant, par la raison que la Société générale du Genre continuait, ce n'était pas tant le Malheur ; considérant que des parties particulières, ou des créatures, ont fait la société générale ; et non, le général, les sociétés particulières: de sorte que, les parties des particuliers, restaient dans le général, comme dans le genre de sorte.

Les parties mineures étaient d'avis que les particuliers de la même espèce ou sorte (comme *l'humanité*) ne contribuaient que peu au général: car d'autres sortes de créatures contribuaient plus qu'elles; seule l'Humanité était l'Occasion, ou le Contributeur de la Première Fondation, mais pas plus : mais, les autres Parties ou Créatures du Monde, ont contribué plus à leur Genre, que les Créatures du même Genre : et, comme les autres Genres, et Sorts, ont contribué à l'humanité; ainsi l'humanité, à d'autres sortes ou sortes : car, toutes les sortes et sortes, ont contribué à la subsistance et à l'assistance les unes des autres.

L'opinion de la majeure partie était que si toutes les parties d'un monde s'aidaient mutuellement, alors la mort ne pourrait pas être un malheur, en particulier dans le monde ordinaire ; par raison toutes les créatures de ce monde, de quelque espèce ou sorte que ce soit, étaient parfaites et régulières : de sorte que, bien que les créatures humaines particulières se soient dissoutes d'être des humains ; pourtant, leurs Parties ne pouvaient pas être Malheureuses, quand elles s'unissaient en d'autres Espèces, et Espèces, ou Sociétés particulières : car, ces autres espèces et espèces de Créatures pourraient être aussi heureuses que les Créatures Humaines.

TYPE. V. Des Productions des Créatures du Monde Régulier.

Le septième argument était, des productions des créatures du monde régulier, *à savoir. Que leurs productions aient été fréquentes ou non ?*

L'opinion de la partie mineure était qu'ils étaient fréquents.

L'opinion de la majeure partie était qu'ils n'étaient pas *fréquents* , ou *nombreux* , parce que le monde était régulier, et donc toutes les productions ou générations étaient régulières ; mais ne pouvait pas dépasser un Nombre tel qu'il était, régulièrement, suffisant pour un Monde, d'une Dimension telle que le Monde Régulier ; et selon les Dimensions, doit être la Société ou les Créatures, qu'elles soient grandes ou petites.

TYPE. VI. Que les créatures du monde béni se nourrissent et évacuent.

Le Huitième Argument, était, *si les humains bénis, dans le monde heureux, ont-ils mangé et évacué ?*

Ils ont convenu que, s'ils se nourrissaient, ils devaient évacuer.

Alors il y eut une Dispute, *Si ces Créatures Heureuses avaient-elles mangé ?*

Ils ont tous convenu que, s'ils étaient des créatures humaines naturelles, ils avaient des appétits naturels : mais, par la raison qu'il n'y avait pas d'irrégularités dans ce monde, les créatures humaines n'avaient pas d'appétits irréguliers, ni de digestions irrégulières ; Passions irrégulières ou passe-temps irréguliers.

Alors s'éleva une dispute, *à savoir si ces créatures bénies dormaient ?*

Certains étaient d'avis, ils n'ont pas dormi : car, le sommeil a été occasionné par une lassitude des Organes Sensibles, faisant des perceptions d'Objets Forrein ; et toute lassitude, ou fatigue, était irrégulière.

La majeure partie de mon esprit, était d'une opinion contraire; parce que le délice de la nature est dans la variété : et par conséquent, les sommeils réguliers étaient délicieux.

Le Mineur était d'avis que le Sommeil était comme la Mort, et donc qu'il ne pouvait pas être Heureux.

Mais, enfin, ils ont conclu que le sommeil, étant un repos doux et tranquille, (comme étant retiré de toutes les actions concernant les parties forrein, et n'avait que des actions à la maison et des affaires privées ; et que toutes les parties du corps et Mind, étaient alors les plus sociables entre eux) que les Humains Bienheureux dormaient.

TYPE. VII. Des Animaux et de la Nourriture des Humains du Monde Heureux.

Le Neuvième Argument, était, *S'il y avait toutes sortes d'Animaux dans le Monde Régulier ?* Toutes les parties de mon esprit étaient d'accord, que s'il y avait des créatures telles que les créatures humaines, il était probable qu'il y avait d'autres créatures animales : mais, parce qu'il n'y avait pas d'irrégularités, il ne pouvait y avoir de créatures animales cruelles ou voraces : car, un Lyon , Léopard ou Loup, dans ce Monde, seraient aussi inoffensifs qu'un Mouton dans celui-ci ; et tous les cerfs-volants, les faucons et les oiseaux voraces similaires seraient aussi inoffensifs que ces oiseaux qui ne se nourrissent que des baies et des fruits de la terre.

TYPE. VIII. Qu'il ne soit pas Irrégulier, qu'une Créature se nourrisse d'une autre.

Le dixième argument était : *n'était-il pas irrégulier qu'une créature se nourrisse d'une autre ?*

Quelques-uns étaient d'avis qu'il était naturel pour une créature de subsister par une autre et de s'aider les unes les autres ; mais pas cruellement pour se détruire.

Sur cet argument, les parties de mon esprit se sont divisées en une partie mineure et une partie majeure.

L'opinion de la partie mineure était que, puisque toutes les créatures de la nature avaient la vie ; alors, toutes les créatures qui se sont nourries se sont détruites la vie de l'autre.

L'opinion de la majeure partie était qu'ils pourraient être aidés par les vies d'autres créatures et non détruire leurs vies : car la vie ne pouvait pas être détruite, bien que des vies puissent être occasionnellement modifiées ; mais certaines créatures peuvent aider d'autres créatures. , sans destruction ni dissolution de leur Société : comme par exemple, Les Fruits et Feuilles des Végétaux, ne sont que les Parties Humoristiques des Végétaux, parce qu'ils sont divisibles, et peuvent augmenter et diminuer, sans aucune dissolution de leur Société ; c'est-à-dire sans la dissolution de la Plante. De plus, le lait des animaux est une humeur superflue des animaux : et, pour prouver qu'il s'agit d'une humeur superflue, j'affirme qu'une grande partie en opprime un animal. Je dis la même chose des fruits et des feuilles de nombreuses sortes de créatures végétales. En outre, il est naturel que de telles sortes de créatures aient leurs fruits et leurs feuilles à séparer de la souche.

L'opinion de la partie mineure était que le lait des animaux, les fruits des légumes et les herbes de la terre avaient autant de vie que leurs producteurs.

L'opinion de la majeure partie était que, bien qu'ils aient eu autant de vie que leurs producteurs; pourtant, il était naturel que de telles progénitures

changent et modifient leur vie, en s'unissant à d'autres sortes de créatures :
comme par exemple, un animal mange des fruits et des herbes ; et ces Fruits
et Herbes se transforment en la nature de ces Animaux qui s'en nourrissent.
Il en va de même pour le lait, les œufs, etc. ; hors de laquelle, une condition
de vie est recherchée : et, pour preuve, de telles sortes de créatures
représentent une vie animale le meilleur ; et par conséquent, toutes ces parties
superflues de créatures s'efforcent de s'unir en une société animale; comme
nous pouvons le percevoir, que les fruits et les herbes sont susceptibles de se
transformer en vers et en mouches ; et certaines parties de lait, comme le
fromage, se transformeront en asticots ; de sorte que lorsque les animaux se
nourrissent de telles viandes, ils occasionnent ces parties dont ils se
nourrissent, à une transformation plus facile ; et non seulement ces Créatures,
mais aussi les Humains, désirent un meilleur Changement : car, quel Humain
ne serait pas un Soleil glorieux, ou Starr ?

Après quoi le discours, toutes les parties de mon esprit ont convenu à
l'unanimité, que les animaux, et ainsi les créatures humaines, pourraient se
nourrir de telles sortes de nourriture, comme ci-dessus ; mais pas sur une
Nourriture telle qu'une Société unie : car la Racine et le Fondement de toute
espèce et espèce de Créature ne doivent pas être détruits.

TYPE. IX. De la Continuation de la Vie dans le Monde Régulier.

L'opinion des parties de mon esprit était qu'il était probable que toutes les
sociétés du monde régulier (c'est-à-dire toutes les parties de la nature qui sont
unies en créatures particulières) ont une longue vie, parce qu'il y a pas
d'irrégularités pour les détruire, avant leur temps naturel.

Mais alors une dispute s'éleva entre les parties de mon esprit, concernant le
temps naturel, c'est-à-dire le temps propre de la vie de ces créatures : car
toutes les créatures n'étaient pas du même temps de production ; ni, après
leur Production, du même temps de Continuation. Mais les parties de mon
esprit ont conclu que, bien qu'elles ne puissent pas juger par l'observation
d'aucune créature, non, pas de leur propre espèce ; pourtant ils l'ont fait

croient qu'ils pourraient mieux juger des créatures humaines, comme étant, à
cette époque, d'une société humaine, que de tout autre : mais, parce qu'ils
étaient de ce monde (c'est-à-dire, irréguliers en partie), ils croyaient qu'ils
pourraient très bien se trompent dans leur jugement, concernant la
continuation des vies humaines, dans le *monde heureux* . Mais, après de longs
débats, ils ont conclu qu'une créature humaine, dans le monde régulier,
pouvait durer aussi longtemps que les productions n'opprimaient ni ne
chargeaient ce monde (car cela serait irrégulier), mais combien de temps cela
pourrait être, ils ne pouvaient pas concevoir ou imaginer.

TYPE. IX. De l'Excellence et du Bonheur des Créatures du Monde Régulier.

Les parties de mon esprit ne pourraient pas, étant des parties d'un monde purgatoire, concevoir l'heureuse condition de toutes les créatures dans le monde régulier ; mais seulement, concevant qu'il n'y avait pas d'irrégularités, ils concevaient aussi que toutes les créatures là-bas devaient être dans la perfection; et que les créatures élémentaires étaient plus pures, sans mélanges de drossie ; de sorte que leur Terre doit nécessairement être si fructueuse, qu'elle produit toutes sortes d'excellents Végétaux, sans le secours de l'Art ; et leurs Minéraux aussi purs que toutes sortes de Pierres transparentes et aussi dures que les Diamants ; l'Or et l'Argent, plus purs que ceux qui s'affinent dans notre Monde. La vérité est que, selon leurs opinions, les espèces de métaux les plus pauvres du monde régulier étaient plus pures que les espèces les plus riches de ce monde : de sorte qu'alors leur métal le plus riche doit être aussi loin au-delà du nôtre que notre or est au-delà. notre fer ou plomb. Quant aux Eaux Élémentaires du Monde Régulier, elles doivent être extraordinairement lisses, claires, fluides, fraîches et douces ; et l'Air Élémentaire seulement, une Lumière très pure, claire et glorieuse ; de sorte qu'il ne pouvait y avoir besoin d'un Soleil : et, par la raison que tout l'Air était une Lumière, il ne pouvait y avoir de Ténèbres ; et donc, pas besoin d'une lune ou d'étoiles. Le Feu Elémentaire, bien qu'il fût Chaud, n'était pourtant pas Brûlant. De même, il ne saurait y avoir de chaleurs torrides, ni de froids glacials, ni d'orages, ni de tempêtes : car tout excès est irrégulier. Il ne pouvait pas non plus y avoir de nuages, car il n'y avait pas de vapeurs. Mais, pour ne pas être fastidieux; c'était l'opinion de mon esprit, que toutes les parties du monde heureux, étant régulières, elles ne pouvaient pas entraver les desseins ou les actions les unes des autres ; ce qui pourrait être une cause, que les parties sensibles et rationnelles ne rendent pas seulement leurs sociétés plus curieuses et leurs perceptions plus parfaites ; mais leurs perceptions plus subtiles : car, toutes les actions de ce monde étant régulières, doivent nécessairement être exactes et parfaites ; en tant que chaque créature est un objet parfait les unes pour les autres ; et ainsi chaque créature doit avoir, en quelque sorte, une connaissance parfaite les unes des autres.

TYPE. XI. Des créatures humaines dans le monde régulier.

L'opinion de mon esprit était que le *monde heureux*, n'ayant pas d'irrégularités, toutes les créatures doivent nécessairement être excellentes et les plus parfaites, selon leur espèce et leur espèce; parmi lesquelles, se trouvent les créatures humaines, dont les sortes, ou sortes, étant dés meilleures, doivent être plus excellentes que les autres, étant exactement formées et magnifiquement produites : comme il n'y a pas non plus d'irrégularités, les créatures humaines ne peuvent être sujettes à des douleurs, Maladie, aversions ou autres ; ou, à Trepidations, ou Troubles ; leurs appétits ou leurs passions ne peuvent pas non plus être irréguliers : c'est pourquoi leur compréhension est plus claire, leurs jugements plus pondérés : et par la raison que leur nourriture est pure, elle doit être délicieuse, comme étant la plus savoureuse : aussi, elle doit être saine, et nourrissant; ce qui rend les parties du corps et de l'esprit plus vives et plus agréables.

TYPE. XII. Du bonheur des créatures humaines dans le monde matériel.

Le bonheur que les créatures humaines ont dans le *monde régulier*, c'est qu'elles sont exemptes de toute sorte ou sorte de perturbation, car il y a

pas d'actions irrégulières ; et ainsi, pas d'orgueil, d'ambition, de faction, de méchanceté, d'envie, de suspicion, de jalousie, de colère, de colère, de convoitise, de haine ou autres ; toutes ces actions sont des actions irrégulières parmi les parties rationnelles : ce qui occasionne la trahison, la calomnie, les fausses accusations, les querelles, les divisions, la guerre et la destruction ; qui procède des irrégularités des parties sensibles, occasionnées par le rationnel, parce que le sens exécute les desseins de l'esprit : mais, il n'y a pas de complots ou d'intrigues, ni dans leur état, ni sur leur scène ; parce que, bien qu'ils puissent jouer les rôles de plaisirs inoffensifs; pourtant, pas de desseins trompeurs : car toutes les créatures humaines vivent dans le monde régulier, si unies, que toutes les sociétés humaines particulières (qui sont des créatures humaines particulières) vivent comme si elles n'étaient qu'une seule âme et un seul corps ; c'est-à-dire comme s'ils n'étaient qu'une Partie, ou une Créature particulière. Quant à leurs plaisirs et passe-temps agréables ; à mon avis, ils sont tels qu'aucune créature ne peut l'exprimer, à moins qu'elle ne soit de ce monde, ou ciel : car, toutes sortes et sortes de créatures, et toutes leurs propriétés ou associations, dans ce monde dont nous sommes, sont mélangées. ; comme, en partie irrégulière ; et en partie, Régulier ; et ce n'est donc qu'un *Purgatoire-Monde* . Mais sûrement, toutes les créatures humaines de ce monde sont si agréables et délicieuses les unes envers les autres qu'elles causent un bonheur général.

La quatrième partie.

TYPE. I. Du monde irrégulier.

Après les Arguments et Opinions parmi les Parties de mon Esprit, concernant un Monde Régulier ; leur Discours était, d'un *Monde Irrégulier* : Sur lequel ils étaient tous d'accord, Que s'il y avait un Monde qui n'était en aucune sorte, Irrégulier ; il doit y avoir un monde qui n'était en aucune sorte régulier. Mais, concevoir ces Irrégularités qui sont dans le Monde Irrégulier, est impossible ; beaucoup moins, pour les exprimer : car, il est plus difficile d'exprimer des Irrégularités, que des Régularités : et quelle Créature Humaine de ce Monde, peut exprimer une Confusion particulière, encore moins un Monde de Confusions ?

Ce que je m'efforcerai cependant de déclarer, d'après les opinions philosophiques des parties de mon esprit.

TYPE. II. Des productions et des dissolutions des créatures du monde irrégulier.

Selon les Actions de la Nature, toutes les Créatures sont produites par les Associations de Parties, en Sociétés particulières, que nous nommons, *Créatures Particulières* : mais, les Productions des Parties du Monde Irrégulier, sont si Irrégulières, que toutes les Créatures de ce Monde sont Monstrueux : il ne peut pas non plus y avoir de genres et de sortes ordonnés ou distincts ; par la raison que l'ordre et la distinction sont des régularités. C'est pourquoi, chaque créature particulière de ce monde a une forme monstrueuse et différente ; de sorte que tous les divers particuliers sont effrayés de la perception les uns des autres : cependant, étant des parties de la nature, ils doivent s'associer ; mais, leurs associations sont d'une manière confuse et perturbée, très à la manière des tourbillons, ou *globes éthérés* , où il ne peut y avoir ni ordre, ni méthode : et, de la même manière qu'ils sont produits, ils sont ainsi dissous : de sorte que , leurs *Naissances* et *Morts* sont *des Tempêtes* , et leurs *Vies* sont *des Tourments* .

TYPE. III. Des animaux et des humains dans le monde irrégulier.

Il a été déclaré dans l'ancien chapitre *qu'il n'y avait pas de genre ou de sorte de créatures parfaites dans le monde irrégulier* : car, bien qu'il y ait des créatures telles que nous les nommons animaux ; et parmi les Animaux, les Humains : pourtant, ils sont si Monstrueux, que, étant de Formes, ou Formes confuses, aucune de ces Créatures Animales ne peut être dite de telle, ou telle sorte ;

parce qu'ils sont de différentes formes désordonnées. De plus, on ne peut pas dire qu'ils appartiennent à une espèce animale parfaite, ou à une espèce quelconque ; en raison de la variété de leurs Formes : car, celles qui sont de la nature des Animaux, surtout des Humains, sont les plus misérables et les plus malheureuses de toutes les Créatures de ce Monde ; et la misère est que la mort ne les aide pas : car, la nature étant un mouvement perpétuel, il n'y a de repos ni vivant ni mort. Dans ce Monde, c'est vrai, certaines Sociétés (*c'est-à-dire* certaines Créatures) peuvent parfois, après leurs Dissolutions, être unies en d'autres Sociétés Heureuses, ou Formes ; ce qui, dans le Monde Irrégulier, est impossible ; parce que toutes les Formes, Créatures ou Sociétés sont misérables : de sorte qu'après la dissolution, ces Parties dispersées ne peuvent profiter à aucune autre Société, mais qui est aussi mauvaise que la première ; et ainsi ces Créatures peuvent se dissoudre d'une Misère, et s'unir dans une autre; mais ne peut pas être libéré de la Misère. Page 284

TYPE. IV. Des objets et des perceptions.

Les opinions parmi les parties de mon esprit étaient que, dans le monde malheureux ou misérable, toutes les actions de ce monde étant irrégulières, il doit nécessairement être que toutes sortes de perceptions de ce monde doivent également être irrégulières. seulement parce que les Objets sont tous irréguliers ; mais, les actions perceptives le sont aussi ; de telle manière qu'avec l'irrégularité des objets et l'irrégularité des perceptions, cela doit nécessairement causer une horrible confusion, à la fois des parties sensibles et rationnelles de toutes les créatures de ce monde, en tant, que non seulement plusieurs Créatures peuvent apparaître comme plusieurs Diables les unes aux autres ; mais, une seule et même Créature peut apparaître, à la fois aux Sens et à la Raison, comme plusieurs Diables, à plusieurs reprises.

TYPE. V. La description du globe du monde irrégulier.

L'opinion de mon esprit était que le globe du monde irrégulier était si irrégulier que c'était un monde horrible : car bien que, étant un monde, il puisse ressembler un peu à d'autres mondes, à la fois globuleux et une société en soi, par ses propres parties ; et donc

pourrait avoir ce que nous appelons *la Terre, l'Air, l'Eau* et *le Feu* : mais, pour la lumière du Soleil, la lumière de la Lune, la lumière des Étoiles, etc., elles ne font pas partie du Monde auquel elles paraissent ; et sont des mondes en eux-mêmes. Mais, il ne peut y avoir de telles Apparitions dans le Monde Irrégulier : car, les Irrégularités obstruent toutes ces Apparitions ; et les parties élémentaires (si je peux les nommer ainsi) sont aussi irrégulières, et donc aussi horribles que possible : de sorte qu'il est probable que le feu élémentaire n'est pas un feu brillant brillant, mais un feu terne et mort, qui a les effets d'un fort feu corrosif, qui ne chauffe jamais réellement, mais brûle réellement ; de sorte que certaines créatures peuvent à la fois geler et brûler à la fois. Quant à la Terre de ce Monde, il est probable qu'elle ressemble à des Plaies corrompues, par la raison que toutes les Corruptions sont produites par des Mouvements Irréguliers ; d'où des Corruptions, peuvent provenir de tels Foggs puants, qui peuvent être aussi loin au-delà de l' odeur de Brimstone, ou de l'un des pires des Parfums qui sont dans ce Monde, que les Parfums *Espagnols* ou *Romains* , ou les Essences, sont au-delà de l'odeur de Carion, ou *Assafoetida* ; ce qui fait que toutes les créatures (de substances aériennes) qui respirent sont tellement infectées qu'elles apparaissent comme des corps empoisonnés. Quant à leur eau élémentaire, il est probable qu'elle est aussi noire que l'encre, aussi amère que la Gaule, aussi piquante que l'eau-forte *et* aussi salée que la saumure, mélangées irrégulièrement, car les eaux qui s'y trouvent doivent nécessairement être des eaux très troubles. . Quant à l'air élémentaire, je dirai l'opinion de mes parties rationnelles dans le chapitre suivant.

TYPE. VI. De l'Air Élémentaire et de la Lumière du MONDE Irrégulier.

Il est probable que l'air élémentaire du monde irrégulier n'est ni parfaitement sombre ni parfaitement clair ; car, l'un ou l'autre serait, dans une partie ou une sorte, une perfection ou une régularité : mais, étant irrégulier, ce doit être un air perturbé ; et, étant perturbé, il est probable qu'il produit plusieurs couleurs. Mais, ne me méprenez pas, je ne parle pas des Couleurs qui sont faites par la Lumière perturbée ; mais, tels que sont faits par l'air perturbé : et, par l'excès d'irrégularités, peuvent être des couleurs horribles ; et, en raison des mouvements tourbillonnants *éthérés* , qui sont des mouvements circulaires, l'air peut être de la couleur du sang, une couleur très horrible pour certaines sortes de créatures : mais il est probable que cette couleur sanglante n'est pas d'une pure couleur sanglante. , mais d'une Couleur Sanglante corrompue : et ainsi la Lumière du Monde Irrégulier, peut, probablement, être d'une Couleur Sanglante corrompue : mais, par les divers Mouvements Irréguliers, elle peut être, à plusieurs reprises, de plusieurs Couleurs Sanglantes corrompues : et pour cette raison il n'y a pas d'interruptions d' *Air* , il ne peut y avoir d'interruptions de cette *Lumière* , dans le Monde Irrégulier. Page 287

TYPE. VII. Des tempêtes et des tempêtes dans le monde irrégulier.

Quant *aux orages* et *aux tempêtes* , et à un temps aussi irrégulier, il est probable qu'il y a des vents et des tonnerres continuels, causés par la perturbation de l'air ; et ces orages et tempêtes, étant irréguliers, doivent nécessairement être violents, et par conséquent très horribles. Il peut aussi y avoir des éclairs, mais ils ne sont pas de la couleur du feu ; mais qui sont comme la couleur du feu et du sang mêlés. Quant à la pluie, étant occasionnée par les vapeurs de la terre et des eaux, c'est selon que ces vapeurs se rassemblent en nuages : mais, quand il y a du tonnerre, il doit nécessairement être violent.

TYPE. VIII. Des diverses saisons, ou plutôt des diverses humeurs du monde irrégulier.

Comme depuis *plusieurs Saisons* ; il ne peut y avoir de saison constante, car il n'y a pas de régularité ; mais plutôt, une grande Irrégularité, et Violence, dans toutes les Tempères et Saisons ; car il n'y a pas de degré moyen : et sûrement, leur congélation est aussi aiguë et corrosive que leurs brûlures corrosives ; et il est probable que la glace et la neige dans ce monde ne sont pas comme dans ce monde, *à savoir*. la glace soit claire et la neige blanche; parce que là l'eau est une eau trouble et noire; de sorte que la neige est noire, et la glace aussi noire ; pas clair, ou comme le marbre poli noir ; mais il est probable que la neige est comme de la laine noire ; et la glace, comme une pierre noire non polie ; pas pour la solidité, mais pour la couleur et la rugosité.

TYPE. IX. La conclusion du monde irrégulier et malheureux ou maudit.

J'ai déclaré dans mon précédent chapitre, concernant le *monde irrégulier*, qu'il nc pouvait y avoir aucune espèce ou sorte exacte ou parfaite, à cause des irrégularités ; non qu'il n'y ait pas d'actions animales, végétales, minérales et élémentaires, et donc pas de telles créatures ; mais, en raison des Irrégularités, ils sont étrangement mélangés et désordonnés, de sorte que chaque Particulier semble être d'un genre différent, ou d'une sorte, n'ayant aucune ressemblance les uns avec les autres ; et pourtant, peuvent avoir la nature de tels genres et sortes, parce qu'ils sont des créatures naturelles, bien qu'irrégulièrement naturelles : mais, ces créatures naturelles irrégulières, ne peuvent pas choisir, par les premières descriptions, mais être malheureuses, n'ayant, en aucune sorte ou genre, plaisir ou aisance ; et pour les créatures qui ont des perceptions semblables aux nôtres, elles sont des plus misérables ; car, par le sens de

Au toucher, ils gèlent et brûlent : par le sens du goût, ils ont la nausée et la faim, n'étant pas satisfaits : par le sens de l'odorat, ils sont étouffés, en raison d'une respiration irrégulière : par le sens de l'ouïe et le sens de la vue. , ils ont tous les horribles Sons et Vues, qui peuvent être dans la Nature : les Parties Rationnelles sont, comme si elles étaient toutes distraites ou folles ; et les parties sensibles tourmentées de douleurs, d'aversions, de maladies et de difformités ; tout ce qui est causé par les Actions Irrégulières des Parties du Monde Irrégulier ; de sorte que les actions de toutes sortes de créatures sont violentes et irrégulières.

Mais, pour conclure : Comme toutes les Créatures de notre Monde, ont été faites pour le Bénéfice des Créatures Humaines ; ainsi, il est probable que

toutes les créatures du monde irrégulier ont été produites pour le tourment
et la confusion des créatures humaines dans ce monde.

La Cinquième Partie, étant divisée en QUINZE SECTIONS.

Concernant les lits de restauration ou les matrices.

JE.

A la dernière fin de mes *Conceptions Philosophiques* , les Parties de mon Esprit se sont attristées, à l'idée de la dissolution de leur Société : car, les Parties de mon Esprit sont si amicales, que bien qu'elles se disputent souvent et discutent pour la Récréation et le Plaisir- saké; pourtant, ils n'étaient jamais assez irréguliers, pour se diviser en Parties, comme les Factious Fellows, ou les Unnatural Brethren : ce qui était la raison pour laquelle ils étaient tristes, de penser que leur aimable Société devait se dissoudre, et que leurs Parties devaient être dispersées et unies à d'autres. Des sociétés qui n'étaient peut-être pas aussi amicales qu'elles l'étaient. Et, après plusieurs pensées, (qui sont plusieurs discours rationnels : car, les pensées sont le langage de l'esprit), ils tombèrent dans un discours de *restauration des lits* , ou *utérus* , à savoir. *S'il n'y a pas de lits de restauration, ainsi que des lits de production ou des lits d'élevage* . Et, pour plaider la cause, ils ont convenu de diviser en parties mineures et majeures.

II.

Les parties majeures de mon esprit étaient d'avis qu'il y a des lits, ou matrices, de restauration, aussi bien que des lits de production : car, si les actions de la nature sont posées, il doit y en avoir une aussi bien que l'autre.

L'opinion de la partie mineure était que, comme toutes les créatures ont été produites, toutes les créatures étaient sujettes à se dissoudre : de sorte que, le poyse des productions de la nature, était les dissolutions de la nature, et non les restaurations.

L'opinion de la majeure partie était qu'il y a des restaurations dans la nature : car, comme certains se sont dissous, d'autres se sont unis dans toutes sortes et sortes de créatures, ce qui était une restauration pour les sortes et sortes de créatures.

L'opinion de la partie mineure était que, bien que chaque

sorte et genre de créatures, continué comme les espèces de chaque sorte et genre; pourtant, ils n'ont pas continué par les restaurations dont ils discutaient: car cependant, lorsque certaines créatures meurent, d'autres de la même sorte ou *espèce* naissent ou se reproduisent; pourtant, ils sont produits, non restaurés : car, ils pensaient que la restauration était une réanimation et une réunion des parties d'une société ou d'une créature dissoute ; quelle Restauration n'était pas naturelle, du moins, pas habituelle.

L'opinion de la majeure partie était que la restauration était naturelle et habituelle : car il y avait beaucoup de choses, ou de créatures, restaurées, en quelque sorte, après leur mort.

L'opinion de la partie mineure était que certaines créatures pouvaient être restaurées de certaines infirmités ou décadences; mais, ils ne pouvaient pas être restaurés après avoir été dissous, et leurs parties dispersées.

L'opinion de la majeure partie était que si les racines, les graines ou les sources d'une société ou d'une créature n'étaient pas dissoutes et dispersées, ces créatures pourraient être restaurées à leur ancien état de vie, si elles étaient mises ou reçues dans les lits de restauration : comme par exemple, un rood sec et flétri de quelque légume, bien que les parties de ce légume soient, comme nous disons, mortes ; pourtant, ils sont souvent restaurés par le moyen de certains Arts : aussi, les Brins morts recevront, par l'Art, une nouvelle Vie.

L'opinion de la partie mineure était que s'il y avait de telles actions de la nature, comme des actions de restauration; cependant, elles ne pourraient être ni les Actions de Poysing, ni les Actions Artificielles : car aucune Créature morte ne peut être restaurée par l'Art.

III.

Certaines des parties les plus graves de mon esprit, ont fait ce discours suivant à d'autres parties de mon esprit.

Chers associés , Il y a eu de nombreuses sociétés humaines qui se sont convaincues qu'il existe de telles actions de restauration de la nature, qui restaureront non seulement une société morte, mais une société dispersée ; par raison qu'ils ont observé que les végétaux semblent se teindre dans une saison et revivre dans une autre ; comme aussi que les actions artificielles des créatures humaines peuvent produire plusieurs effets artificiels qui ressemblent à ceux que nous nommons *naturels* ; ce qui a amené de nombreuses créatures humaines à gaspiller leur temps et leurs biens, avec le feu et la fournaise, torturant cruellement les productions de la nature, pour faire leurs expériences. Aussi, ils se donnent la peine de fouiller et de regarder à travers les télescopes, les microscopes et autres arts ludiques similaires, qui ne procurent aucun profit et n'améliorent pas leur compréhension : car tous ces arts se révèlent plutôt des folies ignorantes que de sages considérations ; L'art étant si faible et si défectueux qu'il ne peut pas tant aider qu'il gêne la nature : mais il y a autant de différence entre l'art et la nature qu'entre une statue et un homme ; et pourtant les Artistes croient pouvoir perfectionner ce qui par Nature est défectueux ; afin qu'ils puissent rectifier les Irrégularités de la Nature ; et excusez certaines de leurs actions artificielles, en disant qu'ils s'efforcent seulement de hâter les actions de la nature: comme si la nature était plus lente que l'art, car un sculpteur peut tailler une figure ou une statue d'un homme, ayant tous ses matériaux prêts à portée de main, avant qu'un enfant puisse être fini dans le lit d'élevage. Mais, l'Art étant les actions sportives et ludiques de la Nature, nous ne les considérerons pas pour l'instant.

Mais, *chers associés* , s'il existe dans la nature des choses telles que *des lits de restauration* , que la plupart de notre société est disposée à croire ; pourtant, ces lits ne peuvent pas être *artificiels* , mais doivent être *des lits naturels* . Aucune sorte particulière de lit ne peut non plus être un restaurateur général : car, chaque sorte ou espèce nécessite un lit, ou utérus, qui convient à leurs espèces ou espèces : de sorte qu'il doit y avoir autant de sortes, au moins , et sortes de Lits, comme il y a des sortes de Créatures : mais, ce que sont ces Ventres ou Lits, nous les Créatures Humaines ne savons pas ; nous ne savons pas non plus s'il y a de telles choses dans ce monde : mais, s'il y a de telles choses dans ce monde, nous ne pouvons pas concevoir où elles sont.

IV.

Après l'ancien discours, les parties de mon esprit étaient un peu tristes : mais, après de nombreuses et fréquentes disputes et disputes, ils ont tous convenu qu'il y a des lits de restauration, ou utérus, dans la nature : mais que pour décrire leurs conceptions de ces restaurations. Les lits, ne devaient décrire que des opinions, mais pas des vérités connues : et leurs opinions étaient que ces lits sont aussi durables que l'or ou le vif-argent : car, bien qu'ils puissent être amenés à modifier leur forme extérieure ; pourtant, pas leur nature intérieure ou innée. Mais, ne vous méprenez pas sur l'opinion de mon esprit : car leur opinion n'est pas que ces lits sont en or ou en argent vif ; car leur opinion était que ni l'or ni le vif-argent n'étaient des restaurateurs de vie ; mais, s'ils étaient des restaurateurs, ils ne pourrait restaurer aucune autre Créature, mais seulement des Métaux morts, parce que plusieurs Créatures ont besoin de plusieurs Lits de Restauration propres à leurs Espèces ou Espèces : de sorte qu'une Espèce ou Espèce Minérale, ne pourrait pas restaurer une Espèce ou Espèce Animale ; parce qu'il n'y avait rien de tel dans la nature, comme l'élixir, ou la pierre philosophale, que les chymistes croient être une divinité, qui peut restaurer toutes sortes et sortes.

V

Comme il a été déclaré autrefois, Les parties de mon esprit étaient généralement d'avis qu'il était, au moins, probable qu'il y avait dans la nature des choses telles que des *lits de restauration* ou *des matrices* . L'opinion suivante était que ces lits étaient de plusieurs types ou sortes, à savoir. Animal, Végétal, Minéral et Elémentaire : de sorte que chaque Espèce ou Sorte soit un

Restaurateur général de la Vie de son Espèce ou Sorte. Comme par exemple, An Animal *Restoring-Bed* , peut restaurer n'importe quel animal mort, à son ancienne vie animale, au cas où les racines ou graines animales (que nous nommons, les *parties vitales*) n'étaient pas divisées et dispersées, mais enfermées ou brûlées. , afin qu'aucun autre Animal ne puisse venir se nourrir de ces Racines et Graines du Corps Animal mort ; et au cas où le corps serait si étroitement gardé, bien que mort depuis de nombreuses années, s'il était placé dans un *lit de restauration* , cette créature animale se réunirait à l'ancienne vie et forme animales.

Mais alors surgit cet argument, *que si les corps des animaux morts se corrompent et se dissolvent d'eux-mêmes, comme le font la plupart des corps d'animaux morts; Si, après leur dissolution, ils pourraient être restaurés ?*

L'opinion de la partie mineure était que ces corps dissous, étant dissous ou divisés, et leurs parties hors de leur place, ne pouvaient pas être restaurés.

L'opinion de la majeure partie était qu'ils pourraient être restaurés; premièrement, parce que, bien que les parties puissent être divisées ; pourtant, ils n'ont pas été anéantis. Le suivant, que ces Parties divisées n'étaient pas *suffisamment* séparées et dispersées, pour être unies à d' autres *Sociétés* . le lit occasionnerait à ces parties de se placer dans leur propre ordre et forme.

VI.

Après le premier discours, certaines des parties de mon esprit étaient tristes, à penser que celles qui avaient été enfermées, étaient devenues incapables d'être jamais restaurées ; et que c'était une plus grande cruauté d'assassiner un mort et de lui voler ses parties intérieures ; que d'assassiner un homme vivant, et pourtant souffrir que tout son corps repose paisiblement dans l'urne ou la tombe.

Mais, les autres parties s'efforçant de réconforter ces parties tristes, ont fait cet argument, à savoir. *Ne serait-il pas probable que les os ou la carcasse d'une créature humaine soient la racine de la vie humaine ? et si tel est le cas, alors si toutes les parties ont été dissoutes, et qu'aucune n'a été laissée non dissoute, sauf la carcasse nue ; ils pourraient être ramenés à la vie.*

L'opinion de la partie triste était qu'il était impossible qu'elles puissent être restaurées, car les racines de la vie humaine étaient celles que nous appelons les *parties vitales* ; et ceux étant séparés de la Carcasse, et dispersés,

et unis à d'autres Sociétés, ne pouvaient pas se rencontrer et se réjouir dans leur ancien état de Vie, ou Société, de manière à être le même Homme.

Les parties réconfortantes étaient d'avis qu'il n'était pas probable que les parties charnues et spongieuses, étant les branches de la vie humaine, puissent également être les racines. Par conséquent, selon toute probabilité, les Os étaient les Racines ; et les os étant les racines, si la carcasse nue d'un homme devait être mise dans un lit de restauration, toutes les parties charnues et spongieuses, à la fois celles qui étaient l'extérieur et celles qui étaient l'intérieur, jailliraient et augmenteraient jusqu'à leur pleine maturité. .

L'opinion de la partie triste, était, que si les os étaient les racines ; et que, des racines, toutes les parties extérieures et intérieures, appartenant à une créature humaine, devraient jaillir, et ainsi augmenter jusqu'à la pleine maturité ; pourtant, ces branches ne seraient pas les mêmes qu'elles étaient, à savoir. les mêmes Parties du même Homme ; et d'ailleurs, ces branches seraient plutôt de nouvelles productions, que des restaurations.

L'opinion de la partie réconfortante était que, même si les branches étaient nouvelles, la carcasse, en tant que racine, étant la même, l'homme serait le même : car, bien que les parties spongieuses et charnues, se divisent et s'unissent de la maison, et à Forrein Les pièces; pourtant, l'Homme est le même : et pour prouver que les Parties Osseuses sont les Racines de la Vie Humaine, n'arrive-t-il pas, Que si la Chair est coupée de l'Os, et que l'Os soit laissé nu ; pourtant, avec le temps, l'os produit une nouvelle chair : mais, si un os est séparé du corps, cet os ne peut pas être restauré ; et un nouvel os ne peut pas non plus jaillir, ni l'os divisé être joint ou tricoté au corps, comme il l'était auparavant : car, bien qu'un os cassé puisse être reconstitué ; pourtant, un os divisé ne peut être réjoui : Tous ces Arguments, étaient une preuve suffisante, Que les Os étaient les Racines de la Vie.

L'argument de la partie triste était qu'il était bien connu que si l'une des parties vitales d'une créature humaine, comme le foie, les poumons, le cœur, les reins, etc., était pourrie, percée ou blessée, la créature humaine teint, en raison de la raison pour laquelle ces parties sont incurables.

Les parties réconfortantes étaient d'avis qu'il y avait beaucoup moins de causes qui occasionnaient souvent la mort humaine; pourtant, ces causes n'étaient pas les racines de la vie, et ces parties n'étaient pas non plus les racines de la vie, bien que les parties que nous appelons *vitales* fussent les branches principales de la vie humaine.

Mais, enfin, ils s'accordèrent tous dans cette opinion, Que les *Os* , étaient les Racines ; la *Moelle* , le Sapp et les *Vitals* , les principales branches de la Vie. En outre, ils ont convenu que lorsqu'une vie humaine a été restaurée, les os se sont d'abord remplis de quelques Oylie Juyces; et des os, et de la sève ou du jus des os, toutes les parties appartenant à une créature humaine, jaillirent et grandirent jusqu'à la maturité: et certainement, ne pas déranger les os des morts, était *une* sainte *et* religieuse Charge aux créatures humaines.

VII.

Après avoir pacifié les parties tristes de mon esprit, leur argument était *que, en supposant que les créatures puissent être restaurées ; s'ils doivent être restaurés comme lorsqu'ils ont été produits pour la première fois ; ou, comme lorsqu'ils étaient à la perfection de leur Âge ; ou, comme quand ils étaient à la vieillesse ?*

Mais, après de nombreuses disputes, ils ont tous convenu que ceux qui devaient être restaurés, devaient être restaurés à ce degré d'âge et de force, qui est le plus parfait : et, comme toutes les productions sont arrivées à la perfection par degrés ; ainsi ceux qui ont été restaurés, devraient revenir à la perfection par degrés, s'ils avaient dépassé le temps parfait de leur âge: et ceux qui n'étaient pas arrivés à leur perfection, avant de mourir, devraient y arriver, cependant, comme ceux qui l'avaient eue. : de sorte que, à la fois *la jeunesse* et *l'âge*, se rencontrent dans la perfection : car, comme l'un augmente, pour ainsi dire, vers l'avant ; ainsi les autres retournent à leur Force et Perfection de leur Âge passé.

VIII.

Après les premières Opinions, les Parties de mon Esprit étaient quelque peu perplexes dans leurs *Arguments* concernant les degrés des Temps de Rétablissement ; comme, *si la restauration a été faite par un acte général, ou par des degrés ?*

L'opinion de la partie la plus sceptique était qu'il n'était pas naturel de restaurer, quoiqu'il fût naturel de produire ; et, que toutes les productions naturelles, étaient par degrés : mais, pour les restaurations, (n'étant pas des productions naturelles), elles ne pouvaient pas être faites par degrés : et par conséquent l'action de restauration, n'était qu'une seule action, bien que de plusieurs parties.

Les parties croyantes de mon esprit étaient d'avis que toutes les actions de la nature étant par degrés, toutes les restaurations étaient aussi par degrés.

L'opinion de la partie qui doutait était qu'il y avait des actions qui n'avaient pas de degrés : car une action pouvait en signifier mille.

L'opinion de l'autre partie était que mille actions, ou degrés, étaient dans la figure d'un.

Les parties incertaines étaient d'avis que c'était impossible. Mais, enfin, ils ont convenu, que les actions de restauration étaient par degrés.

IX.

Les parties de mon esprit ont été divisées en parties mineures et majeures, à propos du temps ou des degrés de restauration des créatures humaines.

L'opinion du mineur était que les actions de restauration de la nature étaient tellement plus rapides que les actions de production, qu'une créature

humaine pouvait être restaurée en un mois; considérant que la production
d'une créature humaine était en dix mois : car, bien qu'une créature humaine
puisse s'accélérer en trois mois ; pourtant, il n'était pas complètement mûr
pour la naissance, avant le temps de dix mois.

L'opinion de la majeure partie était que la restauration était conforme à la
dissolution de la créature : car, un homme qui venait de mourir ; ou pas si
longtemps mort, que ses parties n'étaient pas encore divisées; que l'homme
puisse être rendu à la vie en une heure ou moins : mais, si toutes les parties,
à l'exception de la carcasse nue, étaient dissoutes, il faudrait autant de temps
pour restaurer que pour produire.

L'opinion du mineur était que le temps de restauration n'était pas plus long
que le temps de Quickning.

L'opinion de la majeure partie était que, bien que la forme extérieure ou le
cadre d'un enfant, puisse être avant le Quickning; pourtant, ce n'était pas un
Animal parfait, jusqu'à ce qu'il soit Rapide : et bien qu'il puisse être un Animal
parfait quand il était Rapide ; pourtant, pas mûr, c'est-à-dire pas à la pleine
perfection d'une créature humaine. Comme c'est le cas avec les fruits : car,
un fil vert n'est pas comme un fil mûr ; mais, tout fruit vert, est comme un
fruit mort, en comparaison d'un fruit mûr.

Enfin, les parties de mon esprit ont convenu que si une créature humaine
était dissoute, à l'exception de la carcasse nue ; il faudrait dix mois de temps
avant qu'il puisse être parfaitement restauré : car, les parties jaillissantes
exigeraient tellement de temps avant qu'elles ne puissent atteindre leur pleine
maturité.

X.

La question étant posée, *si le lit de restauration était un lit charnu* ; Toutes les
parties de mon esprit, après de nombreuses disputes, ont convenu qu'il ne
pouvait pas s'agir d'un lit charnu, car la nature de la chair est si corruptible,
dissoluble et facile à dissoudre, qu'elle ne pouvait pas être d'une durée aussi
durable. nature, comme il est requis pour *Restoring-Beds* . Mais pourtant, ils
étaient d'accord, ils étaient comme la chair, pour la douceur ou l'élasticité ;
comme aussi, pour la couleur. En outre, ils ont convenu que le *lit de
restauration des animaux* était d'une nature ou d'une propriété telle qu'il pouvait
se dilater et se contracter selon l'occasion; en tant qu'il pourrait se contracter
jusqu'à la boussole du plus petit, ou s'étendre jusqu'à la grandeur du plus
grand Animal. En outre, ils ont convenu que c'était un peu comme l'estomac
d'une créature humaine, ou d'un animal similaire, qui pouvait ouvrir et fermer
l'orifice ; et que lorsqu'une créature animale était placée dans le *lit de
restauration* , elle enfermait immédiatement l'animal : et lorsqu'elle avait causé

une restauration parfaite, le *lit de restauration* s'ouvrait de lui-même et le livrait à sa propre liberté.

XI.

Une autre question parmi les parties de mon esprit concernant *les lits de restauration* , ou *utérus* , était: *Que dans le cas où il y aurait de tels lits de restauration dans la nature, comme selon toute probabilité il y en avait; Où pourraient être ces lits de restauration ?* à savoir. *S'il y en avait dans ce Monde ? Sinon dans ce Monde, dans n'importe quel autre Monde ?*

Les parties mineures étaient d'avis qu'il n'y en avait pas dans ce monde; mais, qu'il y en avait dans d'autres Mondes.

L'opinion de la majeure partie était qu'il y avait de tels lits ; mais, que les créatures humaines ne les connaîtraient pas, bien qu'elles puissent les percevoir : ni, si elles pouvaient les percevoir, elles ne pourraient dire comment s'en servir.

Enfin, ils ont tous convenu que ces *lits de restauration* étaient au centre du monde : mais, là où se trouve le centre, aucune créature humaine, non, pas les *mathématiciens, les géomètres* ou *les astrologues les plus subtils et les plus savants* , ne pourraient, avec leur plus Arts laborieux et observations subtiles, sachez ; et par conséquent, à moins que par un décret spécial de Dieu, une telle restauration ne peut être faite.

XII.

Les parties de mon esprit étaient très studieuses pour concevoir où se trouvait le centre du monde : certaines des parties de mon esprit étaient d'avis qu'il y avait quatre centres, à *savoir*. Un centre dans la terre, un centre dans l'air, un centre dans la mer et un centre dans l'élément feu.

Sur quelle opinion, les parties de mon esprit se sont divisées en parties mineures et majeures.

Les parties mineures étaient d'avis qu'il y avait des centres dans toutes les quatre parties élémentaires ; et que les *lits de restauration* n'étaient que de quatre sortes: mais pourtant, il pourrait y avoir plusieurs sortes de chaque sorte particulière; et que chaque Genre particulier, avec toutes les diverses Sortes, a été produit dans chaque Centre Elémentaire particulier.

La majeure partie était d'avis qu'il pourrait y avoir des centres infinis, s'il y avait des mondes infinis : aussi, il pourrait y avoir de nombreux centres dans ce monde ; car, chaque globe rond a un centre. Mais, leur opinion concernant les *lits de restauration* , était qu'ils étaient au centre du globe de tout notre monde, et non d'aucune des parties du monde : car l' *air* ne pouvait avoir qu'un centre incertain ; l' *Eau ne pouvait pas non plus* avoir un Centre très solide

; et la *Terre* était trop solide pour avoir un centre composé des quatre types d'éléments : le *feu élémentaire ne pouvait pas non plus* avoir un centre tel qu'il produise des types et des sortes de *lits aussi différents* que le sont les *lits de restauration* , car beaucoup d'entre eux ils sont d'une nature tout à fait différente de la nature du Feu Élémentaire : c'est pourquoi, ce doit être le Centre du Monde, qui doit consister en toutes les espèces Élémentales.

XIII.

Après l' *argument* précédent, les parties de mon esprit étaient très studieuses à concevoir, où le centre de l'univers entier de ce notre monde, pourrait être : enfin ils ont tous convenu, c'était la mer, *qui* est l'élément Watry : pour, la *Mer* est enfermée avec les *Parties Aériennes, Ardentes* et *Terrestres* de l'Univers, et doit donc être le Centre. Et bien que la mer fût le centre du monde ; pourtant, il y avait un Centre de la Mer : donc, il y avait un Centre dans un Centre ; dans quel centre, se trouvaient les *Restoring-Lits* .

XIV.

Après les Conceptions antérieures, les Parties de mon esprit étaient très studieuses, pour concevoir où pourrait être le Centre du Centre. Mais, ils ne pouvaient pas le concevoir, parce qu'ils ne pouvaient pas imaginer la taille et la largeur de la mer : car ils croyaient vraiment que la plus grande extension de la mer n'est pas encore connue. à Human-Kind: car, ce cercle autour duquel les navires de *Cavendishe* et de *Drake* ont nagé, pourrait être, par rapport à l'ensemble du corps de la mer, mais un tel cercle qu'un garçon peut occasionner, en jetant une petite pierre , ou quelque chose comme ça, dans un étang d'eau.

XV.

La dernière conception de mon esprit, concernant *les lits de restauration* , était que les parties de mon esprit ont conçu que le centre de tout l'univers était la mer; et au centre de la mer, se trouvait une petite île; et au Centre de l'Ile, se trouvait une Créature, semblable (dans la Forme extérieure) à un grand et haut Rocher : Non que ce Rocher fût Pierre ; mais, il était d'une telle nature, (par les compositions naturelles des parties) qu'il était composé de parties de toutes les principales espèces et sortes de créatures de ce monde, à savoir. Des espèces *élémentaires, animales, minérales* et *végétales* : et, étant d'une telle nature, a produit, hors de lui-même, toutes sortes et toutes sortes de *lits de restauration* ; dont, certaines sortes étaient si lâches, qu'elles ne pendaient que par des Cordes, ou des Nerfs : d'autres collaient étroitement. Certains ont été produits au sommet ou aux parties supérieures : d'autres ont été produits à partir des parties médianes ; et certains ont été produits à partir des parties inférieures, ou au fond. En bref, l'opinion des parties de mon esprit, était, que cette créature rocheuse était toute couverte de ses propres productions ;

quelles productions étaient de toutes sortes et sortes: non qu'elles fussent nombreuses; mais, diverses productions : aussi, que ces diverses productions, étaient *des lits de restauration* : car, la nature de cette créature rocheuse est aussi durable que le soleil ou d'autres planètes ; ce qui était la raison pour laquelle ces Productions ne sont pas sujettes à la décomposition, comme le sont d'autres Productions : elles ne peuvent pas non plus produire de nouvelles Créatures ; mais seulement restaurer les anciennes créatures ; comme, ceux qui avaient été produits, et ont été en partie dissous.

LA CONCLUSION.

Après que les parties les plus sages de mon esprit aient terminé leurs *arguments* , il y avait quelques-unes des parties les plus ternes et les plus incrédules, ou plutôt les parties étranges de mon esprit, qui s'étaient retirées dans la *glande* de mon cerveau, qui est une sorte de noyau. ; dont ils se sont servis, au lieu d'une Chaire: hors de laquelle, ils ont déclaré leurs Opinions, ainsi:

Chers Associés , Nous, qui n'étions pas parties à vos Disputations, ou Argumentations, concernant *Restoring-Lits* ; étant retirés dans la *Glandule* du Cerveau, où nous avons été informés par les Nerfs et les Esprits Sensibles de vos sages Opinions et de vos Arguments subtils,

Considérant que votre conclusion était aussi improbable, sinon aussi impossible, que la *pierre philosophale chymique* , ou *élixir* ; Nous vous désirons (faisant partie d'une seule et même Société) de ne pas troubler toute la Société, à la recherche de ce qui, s'il était dans la Nature, ne se trouvera jamais. Mais pour empêcher que vos études douloureuses et vos arguments spirituels ne soient pas enterrés dans l'oubli ; Nous vous conseillons, de persuader les parties sensibles de notre société, de les enregistrer, afin qu'elles puissent être divulguées à toutes les sociétés de notre propre espèce ou sorte de créatures ; comme le font *les chymistes* , qui, après avoir gaspillé leur temps et leurs biens, pour gagner la *pierre philosophale* , ou *élixir* ; écrivez des Livres pour l'enseigner aux Fils de l'Art : ce qui est impossible, du moins très improbable, jamais appris, puisqu'il n'y a pas un tel Art dans la Nature : mais, s'il était possible qu'un tel Art soit obtenu ; pourtant, une fois obtenu, l'artiste ne le divulguerait jamais sous forme imprimée. Mais, ces grands Praticiens, ne trouvant, après beaucoup de Pertes et de Douleurs, que le Désespoir, écrivent des Livres de cet Art ; qui, au lieu de l' *Elixir* , produisit *le Désespoir* ; qui encore, quoique produit par l'Art, produisit naturellement ce Vice, nommé *Malice* ; et *la malice* , étant une graine enceinte, semée sur le sol fertile de leurs écrits, produit tant de mal, que beaucoup d'hommes de bonnes propriétés ont été défaits, en suivant leurs règles en chimie : Et si vos livres devaient avoir autant de succès *que* la *chimie* a été (je n'ose pas dire, parmi *les imbéciles* ; mais) parmi les hommes crédules ; vos Livres causeront autant de Mal que les leurs en ont fait ; non par les voies du *Feu* , mais par les voies de *l'Eau* : car, vos Livres envoient les hommes à la Mer, un Élément beaucoup plus Froid que *le Feu* ; mais, plus dangereux que *le feu chymique* , à moins que *le feu chymique* ne soit *le feu de l'enfer* .

Sur quoi Discours, le reste de mes Pensées fut très en colère, et les fit sortir de leur Chaire, la *Glandule* ; et non seulement cela, mais les exclut de leur société, croyant qu'ils étaient un parti factieux, ce qui, avec le temps, pourrait provoquer la dissolution de la société.

FINIS.

Printed in June 2023
by Rotomail Italia S.p.A., Vignate (MI) - Italy